파인애플
공부법

파인애플

세계 무대에서 잠재력을 발휘하는 상위 1% 공부력의 비밀

HOW TO BE A GREAT PERSON

최하진 지음

공부법

스타라잇

서문 진짜 공부 잘하는 비결을 알고 싶은가?

파 파워^{Power} 긍정의 힘

인 인성^{人性} 훌륭한 인성

애 사랑愛 사랑을 베푸는 인재

플 플랜Plan 실천 가능한 계획

파워는 목표를 향해 긍정적으로 나갈 수 있는 힘,

인성은 나와 타인을 지각하며 사회에 선한 영향력을 줄 수 있는 정직한 삶의 태도와 습관,

사랑愛은 타인을 배려하고 공감하며 사랑하는 마음,

플랜은 부모와 자녀가 함께 실천할 수 있는 계획을 말합니다.

파워

인성

사랑愛

플랜

"진짜 공부 잘하는 비결을 알고 싶은가?"

어느 교육 관련 잡지사에서 연락이 왔다. 자녀 교육과 관련한 인터뷰를 하고 싶다고 해 기꺼이 만나자고 했다. 기자가 물었다.

"한국의 자녀 교육 제일선에 있는 부모들에게 하고 싶은 말이 무엇인가요?"

나는 이렇게 대답했다.

"한국의 부모들은 마치 두더지와 같습니다."

두더지는 매우 치열하게 산다는 것을 당신도 알고 있을 것이다. 얼마나 열심히 굴을 파 가며 여기저기 다니는지 어릴 때 정말 궁금하기도 했다. 두더지의 삶을 몇 가지로 요약하면 아래와 같다.

- 치열하게 산다.
- 동분서주하며 이곳저곳을 헤집고 다닌다.
- 여기가 아니다 싶으면 다른 곳을 파헤친다.
- 눈앞의 것만 본다.

어떤가? 오늘날 자녀를 성공시키기 위해 사는 우리의 모습과 매우 닮아 있지 않은가? 어느 부모가 자식이 명문 대학에 가는 걸 싫어하겠는가? 그런데 거기에만 목표를 두고 열심인 모습에 과연 박수를 쳐 줄 수 있을까, 하는 의구심이 든다.

자녀의 성공을 위해 부모는 어떠한 역할을 해야 할까? 주식을 투자하는 사람의 유형에는 두 그룹이 있다. 기업의 가치와 성장에 무게를 두는 '펀더멘탈Fundamental' 중심의 투자자와 당장의 수익을 노리는 '테크니컬Technical' 중심의 '트레이더Trader' 그룹이다. 위에서 언급한 '두더지'나 한국 사회에서 유행하는 '돼지엄마'는 자녀 교육을 테크니컬에 무게를 둔 가치관에서 나온 것이라고 할 수 있다. 이러한 부모의 교육관은 '내 자식만 성공한다면 무슨 일을 못 하랴.'라는 마인드에서 비롯된다.

나는 어떻게 하면 공부를 잘할 수 있을지, 지난 20여 년을 연구했고, 실제 경험을 통해서도 놀라운 결과를 얻어 냈다. 그리고 테크니컬에 목숨을 거는 '두더지 공부법'이 아닌 '파인애플 공부법'을 발견했다.

그렇다면 펀더멘탈에 집중하는 '파인애플 공부법'은 무엇일까? 우리나라 학생은 다른 국가에 비해 공부 시간이 상당한 것으로 유명하다. 물론 공부를 열심히 하는 것은 좋은 일이다. 그만큼 결과도 따라 준다면 얼마나 좋겠는가. 하지만 한국의 학생들은 그렇지 못하다. 공부에 들이는 시간만큼 성적이 나오지 않는 것이다. IQ는 비슷한데, 누구는 10시간 공부해서 100점을 받고, 누구는 5시간을 공부해서 100점을 받았다면 이를 뭐라고 설명할 것인가?

바로 이 해답이 '공부력'에 있다. 공부 시간이 높은 학생보다 '공부력'이 높은 학생의 성적이 훨씬 더 높다. 따라서 공부 시간을 늘리는 데 시간과 돈을 투지할 게 아니라, '공부력'을 높이는 데 초점을 두어야 한다. 공부력을 두 배로 높이면 공부 시간을 반으로 줄일 수 있다. 공부는 고행이 아니라 '행복'이다. 그 행복한 공부법을 터득할 때 우리 자녀들의 미래가 창창해질 것이다.

내가 몸담고 있는 학교는, 세계 명문 대학을 많이 보내는 '명문 대학 입학생 제조기'로 소문이 나 있다. 학생들이 따로 학원에 다니는 것도 아니다. '엑스트라 커리큘럼Extra curriculum1'도 일반 학교보다 많아, 공부만 할 수 있는 환경이 아닌데도 결과가 좋다. 미국의 스탠포드대학, UC버클리, 미네르바대학, 싱가포르국립대학, 베이징대학, 칭화대학 등 세계 명문 대학을 휩쓸며 우리는 매년 높은 입학률을 자랑하고 있다. 공부만 잘하는 것이 아니다. 중국 합창 대회 전국 우승을 세 번이나 했다. 미식축구 전국고교대회 우승은 물론, 각종 올림피아드에 나가 우수한 성적을 거두며 다양한 분야에서 모두 괄목할 만한 성장을 이루고 있다.

나는 그 비결로 이 '파인애플 공부법'을 꼽는다. 경쟁의식을 조장하며 독을 품고 임하는 고전적 공부법은 '공부 박물관'의 한 귀퉁이에 과감히 치워 두었다. 한마디로, 세상의 학교나 학원들이 가는 방향과는 180도 다른 '거꾸로 입시 지도' 방법을 고수했다. 그 비밀이 바로 '공부력'에 있었다.

그렇다면 어떻게 해야 공부력을 높일 수 있을까? 이 책은 공부를 잘할 수 있는 '공부력의 비밀'을 소개하고 있다. 이것이야말로 보물과도 같은 공부법이다. 나는 당신이 이 보물찾기를 하는 데 도움을 주고 싶어 펜을 들었고, 감사하게도 한 권의 책으로 엮을 수 있게 됐다. 지면 관계상 내가 알고 있는 팁을 모두 풀어 내지 못한 아쉬움도 있지만 이것만으로도 독자들에게 큰 도움이 될 것이라 확신한다.

『파인애플 공부법』을 통해 자녀의 떨어진 성적이 회복되고 가정에 웃음이 되살아나며, 인생의 목적이 달라지기를 소망한다.

대한민국의 모든 학생과 부모님, 그리고 선생님을 응원하면서.

2022년 12월 20일 최하진

파워Power 긍정의 힘

목표를 향해 긍정적으로 나갈 수 있는 힘

1장

아무리 해도 성적이 안 오르는 이유

나는 어디에 있는가?

"박사님, 성적이 오르려면 어떻게 해야 할까요?"

'맘스라디오' 김태은 대표가 내게 이런 질문을 했다. 여름 더위가 막 시작될 무렵, 대관령에서 루지를 즐기기 위해 리프트를 타고 산꼭대기로 오르던 중이었다. 리프트가 산 정상으로 움직이는 동안, 우리는 '자녀 교육'에 대한 짧고 깊은 대화를 이어 나갔다.

우선 근본적인 질문이 필요하다. 성적이란 무엇인가? 당신의 대답이 기다려진다. 우리나라 교육은 성적에 지나치게 집착하는 것이 가장 큰 문제점으로 지적돼, 이를 개선하기 위한 방안으로 초등학교 시험을 전면 폐지하였다. 한국의 교육을 들여다보면 충분히 공감이 간다. 높은 성적을 얻기 위해 두더지처럼 봉사하는 학부모들로 인해 자녀들은 성적에 대한 강박관념을 갖게 되거나 성적에 무관심해지거나, 양극단의 길을 가는 경우가 얼마나 많은가. 나는 시험은 꼭 있어야 한다고 생각하는 사람이다. 사람들은 왜 시험에 대한 부정적인 인식을 갖고 있을까? 이유는 하나, 시험이 남들과 비교하는 데 쓰이기 때문이다. 점수보다 '몇 등인가'에 관심을 갖는다.

과다한 비교 의식과 경쟁심은 우리 자녀들의 영혼을 피폐하게 만든다. 하지만 시험은 그런 것이 아니다. 우리는 '등급'을 매기는 시험의 역기능에서 벗어나 '순기능'에 초점을 맞춰야 한다. 내가 어디쯤에 와 있는지, 방향 설정을 위한 '위치 파악'의 기능으로 시험을 이해해야 하는 것이다.

유태인 부모는 자녀가 『구약성경』의 '모세오경'이라는 토라를 읽기 시작할 때 아이가 스스로 묻고 답할 수 있도록 질문을 유도한다고 한다. 몇 번의 과정을 통해 답을 찾으면 아주 '맛있는' 보상이 주어지는데, 그것은 바로 자녀의 손등에 꿀 한 방울을 떨어뜨려 맛보게 하는 것이다. 배움은

꿀맛과 같은 것이라는 걸 직접 느끼게 하고 싶은 의도로 생각된다. 그렇다. 공부는 지겨운 것이 아니라 '맛있는 것'이라는 사실을 어릴 때부터 부모가 가르쳐야 한다. 이러한 가르침은 자녀를 더욱 '성장'하게 만든다. 단순한 '지식 습득'으로의 공부가 아닌 탐구를 통한 배움으로, 자녀에게 진짜 '공부의 맛'을 맛보게 하자.

성적이란, 시험과 답변을 통해 나의 실력이 지금 어디쯤에 와 있는지를 알려 주는 지도 위의 '마우스 화살표' 같은 것이라 할 수 있다. 만약 내 위치를 모르고 목표 지점만 생각해 공부한다면 어디서부터 출발해야 할지, 어느 길로 가야 할지 모를 수밖에 없다.

내가 몸담고 있는 학교의 선생님들은 시험의 순기능을 극대화하기 위해 부단히 노력하고 있다. 입학 후 한 달 동안은 마음을 '해독'하는 시간으로 삼아 비교 의식, 우월감, 열등감, 험담, 성적에 대한 강박관념 등이 우리에게 얼마나 해가 되는지를 알려 주며, 이를 고쳐 주기 위해 최선의 노력을 다한다. 그리고 '위클리 테스트Weekly test'라고 하여 매주말마다 각 과목별로 간단한 퀴즈 형태의 시험을 치른다. 일주일간 배운 것은 그 주에 모두 소화하도록 하는 것이다.

만방학교에서는 종종, "아이들을 '시험^{Test}'에 빠뜨려라. 그
래야 '시험^{Temptation}'에 들지 않는다."라고 농담하곤 한다. 점
수는 남들과 비교하기 위한 것이 아니라 현재 나의 위치를
파악하는 '내비게이션'과 같은 것이다. 채점 후 틀린 것에
대한 오답 노트를 작성하며 왜 틀렸는지, 어렴풋이 아는 것
을 안다고 착각하고 최선을 다하지 않았던 것은 아닌지 점
검하는 시간이 필요하다. 오답 노트를 통해 모든 일에 겸손
하게 임한다는 것이 무엇인지를 깨닫고, 과정에 충실하도
록 훈련하는 것이다. 바둑으로 치면 대국을 끝낸 뒤 수순
대로 판을 재연하며 실수를 점검하고 묘수를 찾아내는 '복
기'와도 같은 것이라 할 수 있다.

우리가 아이들에게 시험에 빠뜨리는 것은 등수를 매겨
채찍질하기 위함이 아니다. 온전히 자신의 현재 실력을 파
악하고 부족한 부분을 확인하며 그 과정에서 노력과 겸손
의 미덕을 배울 수 있도록 하기 위함이다. 학교는 아이들의
등수를 매기지 말고 현재의 위치에서 한 단계 발전하도록
도와야 한다.

내가 무엇을 알고, 무엇을 모르는지 아는 것이 공부를
잘하는 지름길이다. '메타인지'^{1}를 높여 주어야 한다. 만방
학교의 아이들은 시간이 지나면서 공부가 재밌다고 하며

계속해서 도전하겠다고 말한다. 대치동에서 날고 기었던 학생도 자신의 위치를 알고는 남과 비교하는 나쁜 습관을 버리고 겸손하게 자신의 부족한 부분을 채워 간다. 인성과 학습에서의 메타인지 능력을 길러 주는 것, 그것이 바로 자녀를 위한 진정한 교육이 아닐까?

나의 자녀가 1등이 되기를 원하는가? 그렇다면 당신은 결과에 집착하는 사람일지도 모른다. 공부를 잘하기 위해서는 학원에 다녀야 하고, 남들과 경쟁해서 반드시 이겨야 하고, 소위 말하는 명문 대학에 가야 명품 인생을 살 수 있다고 생각한다면 당신은 '성공 지상주의자'일 수도 있다. 세상에 하나밖에 없는 귀한 내 자녀를 세상의 소모품 같은 '상품'으로 전락시킨다면 그것이 성공한 인생이라고 할 수 있을까? 성적에 집착하는 부모들에게 나는 이렇게 말해 주고 싶다.

"아이들에게 필요한 것은 성적이 아니라, '성장'입니다."

Key Point.

자녀의 '성장'에 집중하면 '성적'은 저절로 오르게 되어 있다.

동기부여의 함정

내가 어릴 때 대부분의 부모님들은 자녀들에게 이런 식으로 동기부여를 했다.

"공부해서 남 주냐?"

학교에서는 더 노골적이었다.

"사당오락(4시간 자면 붙고, 5시간 자면 떨어진다)을 잊지 말아라."

"대학에 따라 네 남편의 직업이 달라지고 네 아내의 얼굴이 바뀐다."

마지막 문장은 정말 듣기 불편하지 않은가? 자녀들을 구덩이 속에 넣는 것이나 다름이 없다. 그 좁은 세계에서 우물 안의 개구리처럼 살아가게 하는 것과 무엇이 다른가.

자녀가 멋있는 배를 만들기를 원한다면 먼저 배를 보여 줘서는 안 된다. 하지만 대부분의 부모는 자녀에게 완성된 배를 보여 주고, 배를 만드는 매뉴얼을 알려 주어 창의력을 깎아내린다. 여기에 동기부여의 함정이 있는 것이다. 나는 이렇게 말하고 싶다.

"자녀들에게 푸른 바다를 꿈꾸게 하라."

꿈꾸는 자에게는 상상을 초월하는 놀라운 아이디어와 함께 강력한 동기부여가 주어진다. 우리는 자녀의 마음을 위대하게 가꿔 주어야 한다.

나는 30년 이상을 학생들과 함께 살아오며 그들에게 세 종류의 마음의 크기가 있다는 것을 깨달았다.

Small minds talk about people.

첫 번째, '좁은 마음'의 학생이다. 이들은 늘 '다른 사람'에 대한 이야기를 한다. 물론 흉을 보는 것이 대부분이다. 이는 영혼을 갉아먹는 습관이다. 다른 사람과의 비교 의식, 그 비교 의식으로 생기는 우월감과 열등감, 친구를 이기기 위한 경쟁심, 사람들로부터 인정받고자 하는 욕심과 타인을 찍어 누르기 위한 거짓말과 험담, 사람들에 대한 불평과 불만 등이다. 하지만 기억해야 한다. 우리의 자녀는 매우 특별하게 태어났으며, 다른 아이들과 비교할 수 없는 귀한 존재들이다. 그러니 내 자녀의 관심이 남을 평가하고 비교하는 데 머물지 않도록 좁은 마음을 버리게 하자. 우리의 입은 이웃을 '축복'하고 '응원'하는 데 사용되어야 한다. 이것이 내 자녀가 잘되기 위한 첫 번째 계단이다.

Average minds talk about events.

두 번째는, '평균적인 마음'의 소유자이다. 이들은 사람들의 이야기 대신, 사사로운 '이벤트'에 대한 이야기를 한다. '무엇을 먹을까, 무엇을 마실까, 무엇을 입을까?'와 같은 '소유'에 대한 고민을 하는 것이다. 우리는 자녀들의 꿈을 고작 이런 이벤트에 머물게 하고 있다. '어떤 과목을 듣고, 어떤 스펙을 만들며, 어느 대학에 들어가야 남들로부터 인정을 받을까?'를 고민하며 이것이 꿈이라고 착각하며 살아간다. 이러한 평균적인 마인드를 뛰어넘어야 자녀들이 정말 잘될 수 있다. 성적에 지나치게 예민했던 한 학생의 고백은 지금도 잊을 수 없다.

"선생님들이 성적에는 신경 쓰지 말라고 하시지만 은근히 학생들의 성적을 보시는 것 같아요. 그러다 보니 제 정체성은 학교생활기록부에 적혀 있는 성적인 것 같아 늘 불안하고, 선생님께서는 학업 성과에 따라 제 성격을 추측하시는 것 같아 안심할 수가 없어요. 아직도 점수에 연연하고 시험을 두려워하는 저는 언제쯤 행복해질 수 있을까요?"

이 학생 역시 그저 성적에 매몰된 평범한 마음의 소유자였을 뿐이다. 공부를 잘하고 싶은 열정은 있지만 관심이 온통 공부에만 있을 뿐, 그것을 뛰어넘는 '꿈'이 없는 것이다. 안타까울 뿐이었다. 이 학생이 나중에 어떻게 변화되었는지는 조금 뒤에 언급하겠다.

Great minds talk about ideas.

마지막 세 번째는, '위대한 마음'의 소유자이다. 이들은 스스로 생각하고 토론하며, 지혜를 얻기 위해 노력하고 누군가를 돕는 일에 매우 적극적이다.

만빙학교 학생들의 경우 '아프리카에 물이 없어 고생하는 사람들을 어떻게 도울 수 있을까?'를 고민하며 'Run for love'라는 아이디어를 고안하기도 한다. '운동장 한 바퀴를 뛰는 데 얼마'라는 소액의 기증액을 정한 뒤 가능한 한 많은 바퀴를 뛰고자 노력하는 것이다. 또 'Donation festival'이라는 이벤트를 열어 전교생이 음식 장만과 판매로 모은 수익금을 전액 기부하기도 한다. 교실 밖 활동에서도 다르지 않다. 여러 국제 올림피아드는 우승만을 하기 위해 나가는 것이 아니라 다양한 분야의 경험을 쌓고 지혜를 배우고자 하는 마음으로 임한다. 상은 부산물에 불과하다. 잘되는 아이들의 마음에는 '위대함'이 있다.

위에 언급했던 아이의 마음을 치유하기 위해 선생님들이 머리를 모았다. 그리고 위클리 테스트를 위한 공부를 중단하자고 제안했다. 그 후 상담을 하는데 아이가 이런 고백을 했다.

"행복한 공부의 비밀을 발견했어요. 그것은 바로 성적에 대한 욕심을 내려놓는 것이었어요. 그렇다고 공부를 게을리하는 것은 절대 아닙니다. 수업에 집중해 성실하게 공부하되, 그보다 '더 중요한 공부'에 관심을 기울이고 있어요. 공동체의 일원으로, 리더로, 인간으로, 더욱 성장하는 공부입니다."

이 학생은 행복한 공부법을 터득해 두려움과 염려를 물리치며 새로운 마음으로 공부를 했다. 그리고 몇 개월 뒤, 미국 스탠포드대학교, UC버클리 등의 입학사정관들이 학교에 방문해 이 학생을 포함한 많은 아이들을 만났는데, 학생들을 만난 입학사정관들이 하나같이 내게 이런 질문을 했다.

"학생들의 얼굴이 밝은데 무슨 비결이라도 있나요?"

얼마 후 이 학생은 스탠포드대학교에 장학생으로 입학했다.

당신은 자녀가 어떻게 성공하기를 바라는가. 5천 명분을 혼자 먹는 사람이 되기를 원하는가, 아니면 5천 명을 먹이는 사람으로 성공하기를 원하는가?

　우리의 아이들이 넓고 큰 마음의 소유자가 되어 세상을 이롭게 하는 '위대한 사람'이 되기를 소망한다.

Key Point.

> 꿈이 '성적'에 머물러 있는 아이가 아니라 세상을 향해 원대한 꿈을 품는 자녀가 되게 하자.

자기 관리는 이것부터

딸이 미국에서 유치원을 다닌 적이 있었다. 아이는 등원할 때 책가방을 매고 다녔는데 나는 한국에서의 습관대로 아무렇지 않게 아이의 가방을 들어 주었다. 하지만 '어린아이니까 이 정도는 해 줘도 되겠지.' 대수롭지 않게 여겼던 내 행동은 자녀 교육에 있어 전혀 도움이 되지 않는 잘못된 양육 방식이었다는 것을 깨달았다.

그곳 아이들은 내 딸과 달리 모두 가방을 혼자 매고 다녔다. 알고 보니 그 지역 부모들은, 뭐든 스스로 해내는 책임감을 길러 주기 위해 어릴 때부터 가방을 혼자 맬 수 있도록 가르친다는 것이었다.

이후 나에게 자기 관리에 대한 새로운 철학이 생겼다. 바로, '자기 관리는 어릴 때부터 훈련해야 한다.'라는 것이다. 학년이 높아져도 이 원리는 철저히 지켜져야 한다. 대게 부모들은 이렇게 말하곤 한다.

"너는 공부만 열심히 하면 돼. 집안일은 걱정하지 마."

자녀가 공부에 성실하길 원하는가? 그렇다면 집안일을 돕는 훈련을 시켜야 한다. 놀랍게도 집안일은 공부 습관과 밀접하게 연결되어 있다. 왜냐하면 '정리'는 일과 공부에 똑같이 적용되기 때문이다. 신발장 정리를 할 때 아빠 구두를 넣을 곳과 엄마 구두를 넣을 곳, 내 신발을 넣을 곳을 안배해 정리하는 게 두뇌에서 '지식'이라는 물건을 적절한 장소에 정리하는 것과 같다. 다시 말해 공부를 잘한다는 것은 기억공간에 지식을 잘 정리하는 것이라 할 수 있다. 이것은 어릴 때부터 훈련되어야 한다. 신발 정리, 이불 정리, 쓰레기 분리 등 모두 물리적 공간에 정리하는 것이다. 이러한 훈련으로 얻은 지식을 '기억'이라는 곳간에 잘 쌓아 놓을 때 점수는 저절로 오르게 되어 있다. 자녀가 공부를 잘하기를 원하는가? 그렇다면 정리하는 법을 훈련시켜라.

자녀가 해야 하는 자기 관리 두 번째는, '스터디 플래너Study planner'를 활용하는 것이다. 플래너를 작성하면 공부가 계획한 대로 진행되고 있는지 점검할 수 있다. 처음부터 잘할 수는 없다. 계획대로 하지 않아도 일단 작은 목표부터 세워 차근차근 실행해 보는 훈련이 중요하다.

여기에 하나 더, '바인더'를 쓰기를 추천한다. 바인더 쓰기로 공부 효과를 본 한 학생의 글을 소개한다.

"바인더는 스프링을 열어 필기한 종이를 옮길 수 있는 수첩의 한 종류이다. 그래서 수업 자료나 편지 등을 풀과 테이프를 이용하지 않고도 쉽게 바인더에 끼워 들고 다닐 수 있다. 또한 똑같은 바인더와 차별화된 '나만의 바인더'를 꾸미는 재미도 쏠쏠하다. 천이나 종이로 커버를 만들어 입히거나 사진과 스티커로 꾸밀 수도 있다. 각자의 개성대로 꾸미기에 바인더에 그 사람의 취향과 성격이 드러난다.

바인더를 쓰다 보면 기록하는 습관도 절로 생긴다. 항상 옆에 있는 것이 바인더와 펜이기 때문에 하다못해 낙서라도 해 볼까 하고 펜을 드는 것이다. 처음에는 바인더를 효율적으로 쓰는 법을 몰라 종이만 버렸지만 오래 쓰다 보니 생활 계획과 명언, 그리고 힘이 되는 사진 등 정말 필요한 것들을 기록하고 보관할 수 있게 됐다. 바인더를 쓰면 자료를 보관하기 쉬운 점도 있다. 내 바인더에는 2년 전에 받은 성적표가 있는데 지금도 가끔 펼쳐 보며 '아자, 아자! 더 열심히 하자!' 하고 다짐하게 된다."

최근 창의력이 넘치는 인재를 키우기 위해 세워진 미네르바대학이라는 곳이 있다. 캠퍼스는 샌프란시스코에 있는데, 학생들이 이곳에만 머무는 것이 아니라 학기마다 여러 나라로 이동하는 것이 특징이다. 이에 다양한 다른 문화를 경험하며 타 문화 친구들을 사귈 기회를 얻을 수 있다.

미네르바 대학에 입학하려면 뛰어난 '창의력'이 중요한데, 우리 학교는 2022년에 세 명이나 합격했다. 하버드나 프린스턴보다도 들어가기 힘든 대학이다. 나중에 합격생들의 이야기를 들어 보니 바인더 사용이 창의력과 논리력, 추진력 등에 큰 도움이 되었다고 한다. '스펙'을 목표로 하지 않았지만 바인더가 스펙 그 이상의 배움과 능력을 선물해 준 것이다.

Key Point.

자녀에게 집안일을 통해 정리의 개념을 익히고, 바인더를 활용해 메모하는 습관으로 창의력을 기르게 하자.

당신의 인생 묘비명은?

"나는 이제 죽습니다. 죽음과 삶을 눈앞에 두고서야 인생을 제대로 돌아보게 되었습니다. 내가 얼마나 축복받은 삶을 살아왔고, 얼마나 큰 사랑을 받으며 살아왔는지 알게 되었습니다. 저와 함께한 모든 분께 감사를 드립니다. 특별히 사랑하는 우리 가족과 학교 선생님, 친구들, 언니, 오빠, 동생들에게 정말 감사합니다."

학생들과 함께 죽음과 관련한 방송을 보고 우리도 각자 유언장을 써 보기로 했다. 유언장에는 미안함과 고마움이 짙게 묻어 있었고, 죽음 앞에서 불필요한 것들에 왜 그리

집착했을까를 고백했다. 그중 한 학생이 이런 말을 했다.

"지금껏 살아오면서 배우고 깨달은 지혜도 많지만 죽음을 눈앞에 두고 생각하니 더 간절하고 진실된 것을 깨닫게 되었습니다. 첫 번째로는, '의미 있는 인생'을 살아야 한다는 것입니다. 그간 마음속에 해결되지 못한 부분들을 결단함으로써 내 삶의 사명을 찾아야 한다는 것을 깨달았습니다.

두 번째로는, '표현'입니다. 지금껏 용서하지 못한 사람에게 먼저 화해의 손을 내밀며, 사랑하는 사람에게는 더 큰 사랑과 감사를 아낌없이 표현해야겠다고 다짐했습니다."

죽음을 왜 배워야 하는가? 우리가 왜 죽음을 직시해야 하는가? 사람들은 죽음에 관한 생각을 의도적으로 피하려 한다. 죽음을 생각하면 두렵고 우울해지기 때문이다. 죽음으로 모든 것이 끝난다고 생각하기 때문이다. 하지만 예수는 십자가에서 죽기 전 이런 말을 남겼다.

"다 이루었다."

비록 처형을 당하는 형국이었지만, 육체의 호흡은 끝나가도 나의 삶은 완성되었다는 의미로 남긴 말이다. 이 얼마나 폐부를 찌르는 명언인가!

서양은 말할 것 없고 가까운 일본에서도 '죽음 교육'을 통해 '자살'과 '학교폭력', '왕따' 같은 문제를 해소했다고 한다. 죽음 교육이야말로 스스로 자존감을 높일 뿐만 아니라 강력한 삶의 동기부여를 줄 수 있다.

내 아이가 행복해지기를 원하는가? '죽음'을 가르쳐라. 유언장 쓰기, 묘비명 쓰기, 필요하다면 '임관 체험'도 소중한 교육이 될 수 있다. 그저 자녀의 대학 진학을 위해 동분서주했던 시간을 내려놓고, 어른들이 먼저 삶에 대한 경외감을 회복해야 한다. 죽음을 인지함으로 말이다.

이제는 삶에 대해 생각해 볼 시간을 가져 보자. 이때 필요한 것이 '묘비명'이다. 내가 살아온 삶을 짧지만 강렬한 문장으로 표현하는 것이다. 나의 묘비명을 소개한다.

'살 곳이 아닌 죽을 곳을 평생 찾았던 사람.'

사람들은 더 좋은 학군, 더 좋은 아파트를 찾아 나선다.

그러나 살 곳이 아닌 죽을 곳을 찾는다는 것은, 목숨을 걸 만한 가치 있는 꿈이 있는지, 그 꿈에 죽을 각오가 되어 있는지를 묻는 것이다. 나는 그러한 가치가 있는 곳이라면 생명을 바치겠다는 선언을 했다. 그리고 이것이 곧, 나의 묘비명이 되었다.

우리의 자녀들에게 죽음을 인지하도록 가르치자. 그것이 무엇보다 중요한 공부이다. 자신의 삶에 대한 자세, 자아 정체감, 가치관 확립에 도움을 준다. 생명의 존엄성을 깨닫고 고립과 슬픔 등의 상실감에서 벗어날 수 있도록 도와준다. 인생의 우선순위를 세울 수 있게 되며 자신과 주변 사람들과의 인간관계를 돌아보게 해 준다. 죽음을 생각하며 삶에 충실해지고, 타인을 사랑하는 마음을 갖게 된다. 이 얼마나 중요한 공부인가?

철학자 하이데거[2]가 죽음에 대해 이렇게 말했다.

"죽음을 외면하는 동안에는 존재에 대해 신경 쓰지 않는다. 죽음을 자각하는 것이 자신의 가능성을 똑바로 보는 삶의 방식이다."

도스토옙스키의 일화는 너무나 유명하다. 그는 스물여

덟 살에 사형선고를 받고 사형장에서 인생을 되돌아볼 수 있는 최후 5분의 시간을 갖게 됐는데, 다행히 형이 집행되기 직전 사형선고가 취소되었다.

그 후 그때의 5분을 기억하며 하루하루를 인생의 마지막 날로 생각하며 살게 되었고, 『죄와 벌』, 『카라마조프가의 형제들』, 『백야』와 같은 대작들을 남길 수 있었다.

공부 중에 가장 중요한 공부, 그것은 죽음을 배우는 것이라 할 수 있다. 한 학생의 글을 소개한다.

"나는 지금껏 늘 앞으로의 계획들을 세우며 살아왔다. 그러나 죽음에 대해서는 깊게 생각해 보지 않았다. 죽음은 너무 먼 미래라고 생각했고, 영원히 오지 않을 일처럼 느껴졌다. 지금의 젊은 날만 계속될 것이라 생각했다. 하지만 분명한 사실은, 우리의 삶에는 끝이 있다는 것이다. 삶이 있으면 죽음도 있다. 우리는 언젠가는 오게 되어 있는 죽음을 대비할 필요가 있다. 나는 고칸 메구미의 『천 개의 죽음이 내게 말해 준 것들』[3]을 읽고 내가 죽는 순간을 상상해 보았다. 죽는 순간이 온다면 나는 제일 먼저 도전하지 못했던 일들을 후회할 것 같다. 또한 부모님께 더 잘해드리지 못한 것, 어떻게 해도 갚을 수 없는 큰 은혜를 주셨음에도 불구하고 부모님께 늘 투정을 부리고 더 많은 것을 바라기만 한 것을 후회할 것 같다. 죽음을 통해 내 삶을 새로운 시각으로 바라볼 수 있어 감사하다. 삶을 가치 있게 살지 못하고 있는, 삶이 불행하다고 느끼는 사람들에게, 그리고 죽음을 두려워하는 사람들에게 이 책을 소개하고 싶다."

Key Point.

'죽음'에 대해 생각하자. 인생의 우선순위를 세울 수 있게 된다.

자녀를 웃게 하라

대부분의 아이들이 갖는 강박관념이 하나 있다. 바로, 부모님을 실망시켜드리고 싶지 않다는 것이다. 그러다 보니 즐겁게 공부하기보다는 보여 주기 위해 공부한다. 100점을 맞아도 그다음 시험을 걱정하고 있다. 부모를 실망시키지 않기 위해 부정행위를 감행한다. 과도한 스트레스로 도벽이 생기기도 한다. 자녀에게 이렇게 무거운 돌덩이를 얹어 주는 대신 날개를 달아 주는 방법은 없을까?

'PISA'⁴라는 국제기구가 있다. 이곳에서는 세계 각국 청소년들의 수학 능력을 평가하고 국가별로 그 성적을 비교, 분석하는데, 분석 결과, 한국의 청소년들은 핀란드의 학생들과 늘 쌍벽을 이루며 높은 성적을 얻고 있는 것으로 나타났다. 하지만 큰 차이점이 하나 있다. 공부에 대한 흥미도와 행복도가 한국 아이들은 최하위인데 반해 핀란드 아이들은 최상위권이라는 것이다. 이게 다가 아니다. 우리를 더욱 안타깝게 하는 것이 있다. 바로 '공부에 투자하는 시간'이다. 한국 아이들의 공부 시간은 핀란드 아이들의 두 배에 가깝다. 머릿속은 스트레스로 가득한 채 시간을 질질 끌며 공부해야 간신히 핀란드 아이들을 따라간다는 의미이다. 이유가 무엇일까? 여기에 과학적인 근거가 있다. 스트레스가 쌓이면 체내에 코르티솔[5]이라는 불안, 초조, 짜증을 유발하는 호르몬이 과하게 분비되는데 이 호르몬이 마음의 평안을 빼앗아 간다. 게다가 두뇌에서는 노르아드레날린[6] 같은 두려움을 야기시키는 신경전달물질이 과다 분비돼 공부의 회로를 막아 버리는 결과를 초래한다. 동맥경화로 동맥이 경직돼 혈관이 좁아지듯, 스트레스를 받으면 '공맥경화'가 일어난다. 이렇게 되면 아무리 많은 지식이 들어와도 쉽게 흡수되지 못하고 끙끙거리며 공부 시간을 늘릴 수밖에 없는 것이다.

아이의 행복도가 공부의 질에 이렇게나 큰 영향을 미친다니, 놀랍지 않은가? 공부에 투자하는 시간이 많다고 자

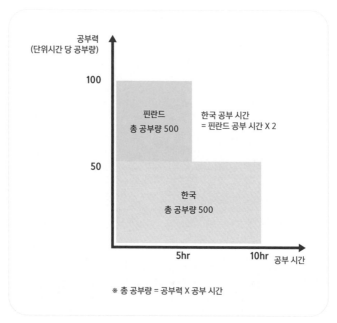

공부력과 공부 시간의 상관관계

녀가 공부를 잘하는 것이 아니다. 그것은 부모의 불안감을 해소시켜 주는 '마약'이다. 공부력을 키울 때 자녀는 진짜 성공의 길을 갈 수 있다. 자녀를 웃게 하고 행복도를 높게 하여 '공부의 대로(공부가 지나가는 길)'를 수축하라. 자녀가 행복해지면 두뇌에 행복 물질, 공부 물질로 불리는 '세로토닌'[7]이라는 신경 물질의 분비로 공부의 대로가 만들어져 쾌속 질주할 수 있게 된다. 그러니 핀란드 아이들은 한국 아이들에 비해 공부에 투자하는 시간이 반밖에 되지 않음에도 불구하고 한국 아이들보다도 더 좋은 결과를 내는 것이다. 그들은 공부 시간 대신 '공부력(단위시간 당 공부량)'[8]을 높이는 것을 선택했다. 당신의 자녀가 공부를 잘하길 원하는가? 그렇다면 자녀에 웃음을 되찾아 줘라. 이것이 공부력을 높이는 방법이다.

이왕 과학 이야기를 했으니 한 가지만 더 살펴보자. 공부 시간이 늘어나도 실력이 늘지 않는 이유는 무엇일까? 여기에 과학적인 비밀이 있다. 우리가 공부를 한다는 것은 외부에서 어떤 정보를 흐르게 하는 도로를 만들어 회로를 강하게 하고, 속도를 빠르게 해 기억이 오래가도록 잘 저장하는 것이다. 공부할 때 자녀의 두뇌 속을 보게 되면 굉장히 신비롭다 못해 경이롭기까지 할 것이다. 공부는 위대한 작업이다. 공부를 단순히 성적으로만 연결시키지 말라. 참으로 경망스럽다고 말하고 싶다. 당신의 자녀는 지금 위대한 일을 하고 있는 것이다.

많은 사람들이 공부에 대해 착각하고 있는 것 중 하나는 '공부 시간이 많으면 공부를 많이 했을 것이다.'라는 생각이다. 하지만 공부는 단순히 기계적으로 지식을 집어넣

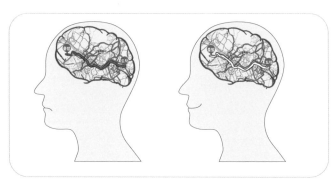

공부의 대로가 막혀 버린 상태(왼쪽)와 공부의 대로가 활짝 열린 상태(오른쪽)

고 나오지 못하게 수도꼭지 잠그듯 두뇌 꼭지를 잠가 지식이 두뇌 속에서 빠져나오지 못하게 하는 작업이 아니다. 공부를 하는 것이 정보를 이송할 때 구리 선에 전기를 보내는 것 같다면 시간을 투자한 만큼 결과가 나오게 되어 있다. 그러나 우리의 두뇌는 그렇게 간단하지가 않다. 정보를 받으면 우선 전기 신호로 바꾸어 이송하다가 신경전달물질에 실려 시냅스9라는 강을 건넌다. 그런 다음 두뇌 세포에게 정보를 이송해 주어야 하는데, 이때 정보가 '누수'되지 않도록 칭칭 감아 주어야 하고, 신경전달물질이 빠르게 그 다음 세포로 정보를 배턴터치 해 주어야 한다. 읽기만 해도 얼마나 복잡한가? '뭔 소리야?' 하고 필자를 욕할지도 모르겠다.

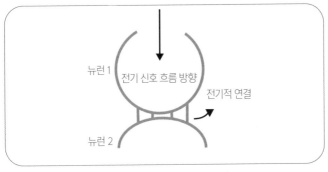

전기적 시냅스 Electrical synaps**10**

결론만 이야기하면 '공부'라는 작업이 그만큼 어렵고 대단한 일이라는 것이다. 다행히 지금으로부터 100년 전 '오토 뢰비'**11**라는 신경 과학자가 우리 인체에 신경전달물질이라는 물질이 만들어진다는 사실을 발견하면서 공부라는 작업이 그리 만만하고 쉬운 작업이 아님을 알게 된 것이다.

오토 뢰비의 발견 이전에 우리는 공부를 위의 그림과 같이 시냅스 공간이 전기적 신호로 이어진다고 생각했을 것이다. 그렇다면 공부에 투자한 시간만큼 공부 효과가 나와야 하는데 그렇지가 않다. 공부하는 과정이 단순한 전기적 신호의 이동 원리가 아니기 때문이다. 정보는 전기 신호와 화학 신호가 반복적으로 변환되며 기억공간에 도착한다.

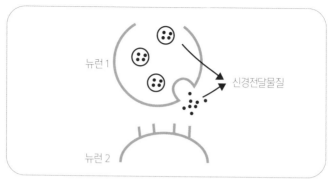

화학적 시냅스 Chemical synapse**12**

그리고 위의 그림과 같이 공부가 이루어지는 동안 화학적 신경전달물질이 정보를 그다음 뇌세포로 전달해 주는 과정이 있다는 것을 발견하면서, 우리의 자녀가 왜 행복해야 하는지 그 이유가 분명히 알려지게 되었다. 화가 나거나, 슬프거나, 짜증나거나, 초조하고 불안한 부정적 심리 상태는 자녀의 공부 훼방꾼 이상의 정복하기 힘든 특수부대 적군이 투입되는 것이다. 이러한 적군을 물리치는 방법이 없는 것은 아니다. 아래의 글을 읽으면서 괄호 안에 어떤 말을 넣어야 할지 생각해 보자.

"몇 살쯤 됐을까?"

주변을 빙빙 돌며 생각했다. 얼핏 봐도 나이를 먹을

만큼 먹은 석탑이었다.

"이곳에 있는 탑은 수백 년 이상 된 것이 대부분이야. 이런 탑을 만들 때는 묘한 (　)을 줘야 돼."

"네? (　)이라고 하셨나요?"

"그래, 탑이 너무 빽빽하거나 오밀조밀하면 비바람을 견디지 못하고 폭삭 주저앉고 말거든. 탑만 그런 게 아니야. 뭐든 (　)이 있어야 튼튼한 법이지."

마음에 찌릿한 무엇이 느껴지지 않는가? 답을 한 글자로 말하자면 바로 '틈'이다.

우리는 '자녀의 성공'이라는 탑을 쌓고 있다. 그런데 그 탑이 너무 빼곡해 조금의 여유도 없다. 학교와 학원만을 오가며 스펙 쌓기에 여념이 없다. 이것은 혹사가 아니라 아동학대라 해도 과언이 아니다. 스트레스를 이기는 힘이 소멸되고, 강한 비바람을 견디지 못해 와르르 무너지고 만다. 이것이 모두 '틈'이 없기 때문이다.

이제 내 자녀에게 틈을 만들어 그 틈 사이로 사랑의 바람과 위로의 바람, 격려의 바람을 불어 넣어 주자. 가정뿐만 아니라 학교도 이래야 한다.

"딸을 만방학교에 보낸 이유 중의 하나는 학생들의 환한 얼굴 때문이었습니다. 대게 중, 고등학교 시절에는 공부에 시달리고 입시로 스트레스 받아서 다들 힘들어 하는데, '이 아이들은 어쩌면 이렇게 행복한 표정을 하고 있을까?'라는 생각을 했죠. 그런데 요즘 우리 딸 얼굴에도 그런 모습이 보이니 그저 감사할 따름입니다."

자녀가 웃음을 찾게 될 때 부모도 자녀와 함께 행복에 이를 수 있다. 웃는 얼굴의 아이와 찡그린 표정의 아이는 공부를 하는 속도부터가 다르다. 부모는 자녀의 웃음과 행복에 최선을 다해야 한다. 이것이 아이의 공부력을 올리는 비결이기도 하다.

행복한 뉴런: 웃음과 행복은 결국 공부의 최소 단위인 뉴런을 행복하게 해 공부력을 높인다.

Key Point.

자녀에게 '틈'을 주어 웃음을 되찾게 하자. 뉴런이 행복해지고 공부력이 올라간다.

2장

세계 명문 대학에서 원하는
훌륭한 인재의 조건

발바닥의 힘을 길러라

　도전 정신이 없는 학생은 세계 명문 대학에서 그리 환영 받지 못한다. '열정'이 없기 때문이다. 학교를 '입시' 이상의 의미로 봐야 하는데, 오로지 '간판'을 목표로 하니 입학 후 한국계 학생들의 이탈률이 높은 원인이 되는 것이다.

　세계 명문 대학에서 좋아하는 인재는 따로 있다. 공부만 잘하는 학생이 아니다. '도전 정신이 강한' 학생들이다. 마이크로소프트의 빌게이츠, 페이스북(지금의 메타)의 마크 저커버그, 테슬라와 스페이스엑스의 일론 머스크는 학창 시절에 모두 도전 정신이 뛰어난 인재들이었다. 대학에 가서 A 학점만 받아 좋은 회사에 취직하는 것만을 꿈으로 삼

앉다면 오늘날 인류 문명의 발전에 상당한 지체가 있지 않았을까.

그렇다면 도전 정신은 어떻게 기를 수 있을까? 바로 '발바닥을 자극'하는 것에 답이 있다. 즉 걷거나 뛰는 것이다. 하루에 20km를 걸으라고 하면 걸을 수 있을까? 혼자 하려면 쉽지 않을 것이다. 친구와 함께해야 한다. 멀리 갈 때는 반드시 함께 가야 하는 것이다. 간혹 걷는 것을 군인들의 '행군'과 같은 고역으로 생각하는 사람도 있는데 그렇지 않다. 친구들과 재잘거리며 장난을 치기도 하고, 들에 핀 꽃과 바람을 즐기며 기분 전환을 하기도 한다. 힘이 들면 시원한 그늘이 있는 곳에 자리를 트고 앉아 도시락을 먹고, 휴식을 취한 후에는 운동화 끈을 조여 매고 다시 걷기 시작한다. 목표 지점이 가까워지면 다리가 천근만근 무거워지기는 하지만, 서로의 등을 토닥이고 어깨를 부축해 주며 결국 골인 지점에 다다른다. 미리 도착한 아이들은 함성을 지르며 걸어오는 친구들을 응원해 준다. 이렇게 전원이 목표 지점을 통과하면 즐거운 마음으로 샤워실에 들어가 하루의 피곤을 물과 함께 씻겨 보낸다. 우리 학교에서는 이것을 '도보 여행'이라고 한다. 도보 여행을 끝내고 나면 모두가 '함께' 해냈다는 '성취감'을 맛보게 된다.

도전 정신은 발바닥으로 키우는 것이다. 열심히 뛰어야 한다. 두뇌에 운동화를 신겨라. 스파크가 일어난다. 실제로 평상시에 심장박동수가 70bpm~80bpm 정도 되는 아이들이 뛰기 시작하면 심장박동수가 140bpm에서 150bpm까지 올라간다. 이런 식으로 5분에서 10분 정도를 뛰면 혈액의 생산량이 달라진다. 평소 1시간에 5L의 혈액을 공급하는 심장이 달리기로 1시간에 50L의 피를 생산하는 것이다. 이렇게 만들어진 피는 우리의 '뇌'로 보내진다. 산소와 각종 영양소를 운반하면서 말이다. 덕분에 우리의 뇌세포는 더욱 건강해진다. 뇌세포 생성 인자가 만들어져 뇌세포가 증가하고 활성화되면 두뇌는 더욱 똑똑해지는 것이다.

자녀를 더욱 똑똑하게 키우고 싶다면 지금 당장 소파에서 일어나 아파트 계단을 오르거나 강변에 나가 달리거나 등산을 하도록 하라. 유산소 운동은 우리의 아이들을 더욱 똑똑하게 만들어 준다. 즉, 공부력을 높여 주는 효과가 엄청나다.

땀을 내다 보면 엔돌핀이 생성돼 운동할 때의 고통을 잊을 뿐만 아니라 행복감을 느끼며 새로운 힘을 얻는 '러너스 하이Runner's high1'를 경험하게 된다. 그래서 한번 달리기의 재미를 본 사람들은 비 오는 날에도 나가 뛰는 것이다. 왜? 러너스 하이를 느끼고 싶어서.

땀을 흘린 후 샤워를 할 때의 그 상쾌한 기분을 아는가? 스트레스를 날려 버릴 뿐만 아니라 세로토닌이 충만해져 공부를 할 수 있는 최적의 컨디션, 그야말로 'Ready to study'의 상태를 만들어 준다.

공부에서 성취감을 느끼는 사람이 얼마나 되겠는가? 공부 이외의 분야에서 도전하고 성취감을 얻을 수 있도록 훈련해야 한다. 그러면 우리의 뇌는 학습을 한다. 도전하면 성취감을 느낀다는 것을 알게 돼 수학의 인수분해에서 함수를 도전하는 것이다. 성적을 얻기 위해 공부를 한다는 패러다임을 바꾸길 바란다.

중국 최고의 명문 대학인 칭화대학에서는 모든 재학생들이 필수적으로 하루에 2km 이상을 뛰도록 규정하고 있다. 졸업하고 싶다면 무조건 뛰어야 한다.

운동을 꾸준히 하는 사람에게는 우울증이 끼어들 틈이 없다. 성장호르몬 분비도 촉진돼 신체가 성장되고 심리적 안정도 유지된다. 운동은 도전 정신, 판단력, 감정 조절 능력뿐만 아니라 공부력을 향상시켜 주는 마력이 있다. 그런데 공부 시간이 줄어드니 체육 시간을 없애야 한다고? 진정 아이들을 생각해서 하는 소리인지 묻고 싶다.

자녀를 생존형 인재로 만들 것인가, 아니면 도전형 인재로 만들 것인가? 4차 산업혁명 이전만 해도 우리는 창의력이 없어도 살아갈 수 있었지만, 이제는 무엇이든 끊임없이 도전하고 부지런히 창출하지 않으면 비빌 언덕이 없는 삶을 살게 될 것이다. 노후를 보장해 주던 철밥통 일자리는 모두 인공지능이 감당할 것이기에 지금의 살아남기 전략은 통하지 않는다. 자녀를 도전하는 인재로 키우려면 부모인 당신이 먼저 작은 것이라도 목표를 세워 도전하는 모습을 보여라.

Key Point.

친구와 함께 뛰어라. 운동은 도전 정신, 판단력, 감정 조절 능력뿐만 아니라 공부력을 향상시켜 준다.

성적이 들쑥날쑥하다면?

"우리 아이는 머리는 좋은데 성적이 안 좋아요."

많은 부모들이 자녀에 대해 이런 평가를 한다. 그럼 성적이 좋게 할 수 있는 방법을 연구해야 하는데 또 그런 부모는 찾아보기 힘들다. 일단 내 아이는 바보가 아니라는 것은 확실한 것 아닌가. 머리가 좋다니 말이다. 얼마나 희망적인가? 그런데 말이 비관적으로 끝난다.

이제는 "우리 아이는 성적이 좋지는 않지만 머리는 좋다."라고 표현하는 습관을 지니길 바란다. 이것이 긍정적이고 희망적인 표현이다.

머리는 좋은데 결과가 안 좋은 아이들은 대체 무슨 이유 때문에 성적이 안 나오는 것일까?

먼저, 이러한 아이들은 성적이 들쑥날쑥한 경우가 많다. 자기가 좋아하는 것은 기를 쓰고 하지만 싫어하는 것은 마음부터 가지 않으니 결과가 좋을 리가 없는 것이다. 성적이 들쑥날쑥한 몇 가지 경우를 살펴보도록 하자.

우선 공부를 '기분에 따라' 하는 경우이다. 기분이 좋으면 하고 안 좋으면 안 하고. 그러니 평균 성적이 낮을 수밖에 없다. 쉽게 흥분하거나 우울해지는 등 감정의 변동성이 크니 아이를 탓할 수도 없다. 여기서 중요한 사실 하나를 발견할 수 있다. 바로 공부는, 기분에 상당한 영향을 받는다는 것이다. 매우 중요한 사실이다. 그래서 자녀에게 공부를 강조하기보다 자녀의 '기분'에 관심을 가져야 한다. 자녀가 슬퍼하는지, 분노하는지, 흥분하는지, 기뻐하는지 기분을 파악해 공부할 수 있도록 격려해야 하는 것이다. 당신은 자녀의 기분을 긍정적 상태로 유지할 수 있는 방법이 무엇인지 연구하고 노력하고 실행해야 한다.

그렇다면 어떻게 해야 자녀의 정서를 안정화시킬 수 있을까? 앞에서도 언급했듯 여기에는 음식과 수면, 운동이 큰 영향을 미친다. 실제로 과일과 우유 등을 먹은 사람이 탄산음료와 패스트푸드를 섭취한 사람보다 행복감이 훨씬 더 높게 나타났다는 연구 결과도 있다.*

'수면의 질' 역시 아이의 컨디션을 떨어트려 공부를 방해하는 원인이 된다. 잠이 부족하면 스트레스 호르몬이 분비돼 쉽게 짜증을 내고 화를 내는 것이다.

어떤 음악을 듣느냐도 매우 중요하다. 비트가 강하고 빠른 음악은 심장박동수를 증가시켜 안정적으로 공부하는 데 방해가 된다. 패스트푸드점에서 빠른 음악을 들어 본 경험이 있는가? 비트가 빨라지면 행동이 빨라져 음식을 빨리 먹게 된다. 회전율이 높아지면 매출도 따라 상승하니 사람들의 심리를 이용한 이러한 고도의 전략이 마케팅으로 쓰이는 것이다. 자녀가 어릴 때부터 클래식을 듣고 악기를 배워야 하는 것 역시, 성장과정에서 기분을 조절할 수 있도록 능력을 키우기 위함이다.

'정서지능'²이란 말을 들어 보았는가? 정서지능은 자신과 주변 사람의 감정을 해석하고, 이해하고, 관리하는 능력을 말한다. 정서지능이 높으면 스트레스를 받는 상황에서도 평정심을 유지하고, 주변 사람들을 언제나 편안하게 해 줄 수 있다. 또 자신의 행동이 주변 환경에 어떤 영향을 미치는지를 알고 감정을 컨트롤할 수 있다. 공부 지능보다 중요한 것이 정서지능이다.

자녀와 함께 읽어야 할 필독서 가운데 하나인 『마시멜로 테스트』[3]에도 정서지능이 높을수록 나중에 성공할 가능성이 크다는 내용이 담겨 있다. 눈앞의 마시멜로를 15분 동안 먹지 않고 참고 견디는 아이에게 마시멜로를 더 주겠다는 약속을 했는데, 30%의 아이들만 유혹을 물리치고 나머지 아이들은 당장의 만족이라는 유혹을 못하고 마시멜로를 먹고 말았다. 그리고 45년이 지난 뒤에 이들을 추적조사해 보니 유혹을 견딘 아이들이 가정과 사회에서 더 성공적인 삶을 누리고 있는 것으로 나타났다.

그중 실험에 참여한 남매의 이야기가 눈길을 끈다. 오빠는 유혹을 견디지 못해 마시멜로를 먹었고, 여동생은 유혹을 참아 더 많은 마시멜로를 먹을 수 있었다. 성인이 된 이들은 어떻게 되었을까? 오빠는 갖은 고생을 하며 굴곡진 삶을 이어 갔고, 여동생은 프린스턴대학에 들어가 심리학 박사가 되었다.

아이의 성적이 들쑥날쑥한 이유 두 번째는, 친구들과

뒷담화를 하기 때문이다. 친구의 흉을 보며 일탈행위를 어떻게 할 것인가를 논하며 잡담을 즐기는 아이라면 성적은 묻지 않아도 뻔하다. 실제로 학교 성적이 저조한 아이, 높은 아이를 대상으로 그들이 어떤 친구들과 대화하는지 실험을 했는데, 성적이 높은 아이와 낮은 아이 모두 자신과 비슷한 성적의 아이들과 대화를 많이 하는 것으로 나타났다.*

　내 아이가 머리는 좋은데 성적이 낮다? 친구 관계를 점검할 필요가 있다. 명심보감으로 불리는 성경의 '잠언'에 이런 글이 있다.

> "철이 철을 날카롭게 하는 것같이, 사람이 그의 친구
> 의 얼굴을 빛나게 하느니라." — 잠언 27장 17절

　내 아이가 주변을 환하게 밝히는 중심 역할을 한다면, 당신의 자녀는 뛰어난 관계 능력을 가지고 있다고 할 수 있다.
　두 학생을 예로 들어 보겠다. 한 아이는 성적이 낮아 공부를 잘하는 친구를 몹시 미워하는 학생이었고, 한 학생은 한국에서 상위 1% 안에 드는 성적이 뛰어난 학생이었다. 이 두 사람은 생활관의 룸메이트가 되었다. 자기 관리 면에서나, 생활, 친구 관계, 학습 면에서 모두 뚜렷하게 대조되

는 아이들었다.

성적이 좋은 학생은 어떻게 하면 자기 룸메이트인 친구를 도와줄 수 있을지 선생님께 상담을 할 정도로 매우 이타적인 면을 가지고 있었고, 성적이 낮은 학생은 차갑고 불친절했지만 시간이 지나자 룸메이트에게 점차 좋은 영향을 받기 시작했다. 자신의 룸메이트가 어떤 식으로 리더십을 발휘하는지, 선생님과 교우들에게 왜 인정받는지를 관찰하며 조금씩 그의 행동을 따라하기도 했다. 그러자 성적이 달라지기 시작했다. 룸메이트와 지낸 지 9주 차가 되면서 성적이 오르기 시작하더니 10주 차에 일취월장해 11주 차에 고득점권에 진입, 12주 차부터는 안정적인 상위권을 유지했다.

위의 학생이 공부를 잘하게 된 이유는 무엇일까? IQ가 높아서? 아니다. 정서지능을 계발했기 때문이다. 우선 입만 벌리면 나오던 욕설이 사라졌고, 이부자리를 정리하기 시작했으며, 친구들에게 좋은 영향력까지는 아니어도 해를 끼치지 않게 되었다. 리더십의 기초인 '팔로워십 Followership'4도 생겨 자신이 할 수 있는 일이라면 뭐든지 협력하겠다는 의지를 불살랐다. 친구가 공부할 때 함께 공부하며 모르는 것은 부끄러워하지 않으며 도움을 구해 나갔다.

놀랍지 않은가.

내 자녀의 성적이 들쑥날쑥한 이유 세 번째는, 부정적인 태도를 지녔기 때문이다. 이런 학생들의 경우, 정서지능이 어느 정도 발달돼 있기 때문에 긍정적인 태도로 '마인드셋 Mindset' 한다면 성공적인 인생을 경영해 나갈 수 있다.

한 학생을 또 예로 들어 보자. 이 학생은 공부는 열심히 하는 것 같은데 생각보다 성적이 잘 안 나오곤 했다. 이런 아이의 경우 대체적으로 남 탓을 많이 하고 불만이 많다. 어떻게 하면 태도를 고쳐 줄 수 있을까? 사람의 얼굴은 칼을 대서 성형수술이라도 할 수 있지만 태도와 같은 마음은 칼을 댈 수 없는 것이 한계이다. 성장 마인드셋은 다시 일어서는 회복력이 뛰어나다. 그러나 고정 마인드셋은 노력해도 안 된다는 부정적 태도가 깔려 있다. 그러나 그 한계에 머물러 있으면 이것이야말로 고정 마인드셋이다.

마음도 고칠 수가 있다. 성형수술을 영어로 하면 '플라스틱 서저리Platic surgery'라고 하지 않는가. '성형'을 '플라스틱'이라고 하는 것이다. 그렇다면 우리가 수술하고 싶은 마음은 어디에 있는가? '두뇌'에 있다. 이미 부정이나 긍정의 회로가 만들어져 부정적 회로를 통해 들어오면 고정 마인드셋이 되고, 긍정적 회로를 타면 성장 마인드셋이 되는 것이다. 바로 이 두뇌에 만들어진 회로를 수술해야 한다. 이것이 가능하다는 것을 뇌 과학자들이 밝혀 냈다.

뇌의 성형성을 '뉴로플라스티시티[5]'라고 한다. 쉽게 말해, 부정적 연결 포인트를 약하게 하고, 긍정적 연결 포인트를 강화시켜 주는 것이다.

뇌는 쓰면 쓸수록 좋아진다. 여기에 방점이 있다. 성장 마인드셋을 발전시키려면 이 부분에 대한 강화 훈련이 필요하다. 여기 즉효로 통하는 훈련이 있는데 그것이 바로 '감사 훈련'이다. 부정적인 상황에서도 감사할 거리를 찾는 보물찾기 훈련이 필요하다. 갑자기 수돗물이 나오지 않는다면 해당 회사에 전화해 불만을 토로하기보다 물이 있다는 것에 먼저 감사하는 것이다. 감사는 땅을 파서 보물을 찾듯이 하는 것이지 보물을 절로 얻었을 때만 하는 것이 아니다.

감사의 훈련이 쉽지 않을 수 있다. 이 경우 '감사 일기'를 쓰는 것으로 훈련을 대신할 수 있다. 일기를 통해 매일 감사의 훈련을 하는 한 학생의 글을 소개하겠다.

"중간고사를 봤다. 어렵지 않아서 좋았다. 내 실력이

늘었다는 생각이 들어 더욱 감사했다. 오전 시험이 끝나고 동생들을 불러 반 친구들과 점심을 함께했다. 비록 밥을 먹느라 많은 대화는 나누지 못했지만 즐거운 시간이었다.

예전에는 억울하거나 화가 나는 일이 있으면 받아들이지 못하고 올바르지 않은 방법으로 감정을 표현하곤 했다. 하지만 두 달 간 감사 일기를 쓰면서 내게 일어나는 모든 일에 긍정적으로 생각하며 감사하는 습관을 갖게 됐다. 힘든 일이 생기면, '내가 더욱 성장하려고 이런 일을 경험하는구나.'라고 생각하며 더욱 긍정적인 태도로 마음을 바꾸었다. 감사는 신이 주신 가장 좋은 선물이다."

하나를 캐면 그와 연결돼 있는 줄기에서 새로운 고구마가 딸려 나오듯, 감사는 캐도 캐도 끝이 없다.

마음의 금맥인 '감사'를 발견하라. 감사는 마음의 '슈퍼 유산균'이다. 유산균이 장을 건강하게 해 주듯, 감사도 우리의 마음을 더욱 건강하게 만들어 준다.

지금까지 자녀의 성적이 들쑥날쑥한 세 가지의 경우를 살펴보았다. 이외에도 많은 원인이 있지만 이 세 가지만 알아도 성적이 널뛰기하는 요인과 그 대안을 충분히 찾을 수 있을 것이다. 중요한 것은, 성적이 들쑥날쑥한 원인을 '아이의 탓'으로 돌리지 않는 것이다.

자녀가 마음을 스스로 다스릴 수 있도록 도와주어야 한다. 평안하고 긍정적인 성장 마인드셋이 되면 성적 그래프 역시 계속 성장해 나갈 것이다.

Key Point.

들쑥날쑥한 성적을 벗어나려면?

· 채소 위주의 식습관, 충분한 수면, 운동을 통해 정서를 안정화시켜라.
· 친구 관계를 점검하라. 뒷담화는 최악의 습관이다.
· 긍정적인 태도를 가져라.

'그릿GRIT'이 있는 아이는 다르다

공부는 왜 쉽게 되지 않는 것일까? 특히 수학은 눈으로만 이해한다고 해서 되는 것이 아니다. 손수 풀어 보지 않으면 시험에서 낭패 보기 일쑤이다. 그만큼 포기하지 않는 끈기가 필요하다.

우리가 흡입하는 산소의 25%, 영양분의 25%가량을 사용할 정도로 이 포기하지 않는 힘, 상당한 에너지를 필요로 하는 곳이 바로 '두뇌'이다. 공부에 몰입할 때 배가 빨리 고파지는 경험을 해 보지 않았는가? 두뇌가 에너지를 쓰다 보니 배도 빨리 고파지는 것이다.

그렇다면 왜, 우리 몸은 공부할 때 에너지를 쓰는 것일 까? 여기에 놀라운 비밀이 있다. 우리는 엔트로피 증가의 법칙[6]에 따라 살아간다. 즉 시간이 흐르면서 점점 질서 정 연해지는 것이 아니라 '무질서도(엔트로피^{Entropy})'가 증가하 는 방향으로 흐른다. 사람이 늙는 것도 물리학적으로 표현 하면 엔트로피 증가의 법칙 때문에 그렇다고 말할 수 있다. 방이 지저분해지고 먼지가 쌓이고 신발장의 신발들은 널 브러져 있고... 이 모든 것들이 엔트로피 증가의 법칙에 의 한 것이다. 공부를 안 하고 시간이 흐르면 점점 바보가 되 어 가는 게 바로 이 때문이다. 따라서 '공부'는, 외부로부터 에너지를 들여와 널브러져 있는 뇌세포들을 질서 있게 연

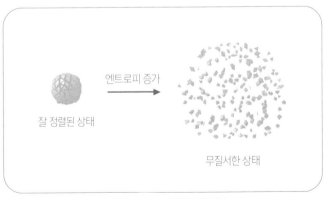

엔트로피 증가

잘 정렬된 상태

무질서한 상태

무질서도(엔트로피) 증가의 법칙

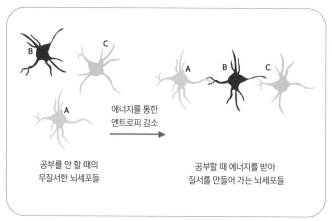

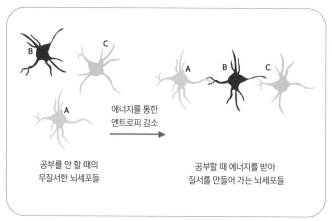

에너지를 통한
엔트로피 감소

공부를 안 할 때의
무질서한 뇌세포들

공부할 때 에너지를 받아
질서를 만들어 가는 뇌세포들

공부는 두뇌의 창조 활동

결하는 두뇌의 창조적인 작업이라고 할 수 있다. 엔트로피
증가의 법칙을 거슬러야 하는 것이다. 이러한 에너지가 곧
의지, 노력, 끈기, 열정 같은 것들이다. 그래서 공부를 잘하
려면 재능보다, 의도성이 있는 그릿GRIT이 필요한 것이다.

'그릿GRIT'이란 무엇인가? 우리에게는 매우 생소한 단
어였지만, 몇 년 전 심리학자 앤젤라 더크워스의 저서 『그
릿』7을 통해 본격적으로 사람들의 입에 오르내리게 되
었다. 그릿은 Growth(성장), Resilience(회복력), Intrinsic
motivation(내재적 동기), Tenacity(끈기)의 약자를 모은 단어

로, 성공과 성취를 끌어내는 데 결정적 역할을 하게 하는 능력을 말한다. 사전적 의미로는 '목표를 향해 열정과 끈기로 이루어 내는 힘'이라고 할 수 있다.

제자들과 함께 학교를 설립하기로 할 때가 생각난다. 그때 내가 가지고 있었던 것이 바로 그릿이었다. 우선, 남들은 "안 될 거야."라고 얘기해도 그 말이 귀에 들어오지 않았다. 아니 그런 생각조차 해 보지 않았다. 급기야 마스터플랜을 짜 사람들에게 선포하다시피 했다. 남들이 비웃는 허허벌판을 사들여 터를 잡고, 드디어 학교 세울 준비를 했다. 이곳에서 웃으며 공부할 아이들을 떠올리니 생각만 해도 기뻤다. 인가를 받기 위한 각종 서류를 구비해야 할 때도, 재정 상태가 좋지 않을 때도, 낙심하는 것이 아니라 담대하게 받아들였다. 반드시 얻는 것이 있을 거라며 감사함으로 문제를 해결해 갔다. 우리에게 오는 고통은 당하라고 주어지는 것이 아니라 이겨 내라고 주어지는 것 아니겠는가. 우리는 기존의 학교와는 다른, '세상에서 유일한 배움터'를 만들고자 하는 마음 하나로 한걸음 한걸음 전진해 갔다. 그렇다. 우리에게는 이미 '그릿'이 있었다. 나는 지금도 학생들에게 이 그릿에 대해 설파하고 있다. 내가 강조하는 그릿은 바로 이것이다.

G−Growth mindset 성장 마인드셋
R−Resilience 회복탄력성
I−Integrity 고귀한 인격
T−Thankfulness 감사함

중국에서 날고 기는 아이들만 간다는 칭화대학의 컴퓨터 공학과에 진학한 한 학생이,『그릿』을 읽고 학교에 편지를 보내왔다.

"학교에서 친구들을 관찰하며 그들에게 '그릿'이 있음을 발견하였습니다. 하지만『그릿』이라는 책은 성공하기 위한 태도의 중요성을 강조하는 것 같습니다. 사람들은 스펙과 성공을 위해 뛰어가지만 '왜?', '무엇을 위해?'를 물으면 머뭇거리곤 합니다. 저는 두 가지 질문에 답을 할 수 없다면 결코 성공한 인생이 될 수 없다고 생각합니다."

나는 학생들에게 대학의 꿈을 이루기 위해 그릿을 가져야 한다고 가르치지 않는다. 꿈 너머의 꿈을 꾸고, 성공 너머의 성공을 바라보아야 한다고 말한다. 그릿이 '그릿다워'

지고 공부가 공부다워지는 삶. 아이들에게 바라는 것이 바
로 이것이다.

Key Point.

공부는 엔트로피를 감소시키는 두뇌의 창조 활동이다. 그 창조
활동은 '그릿^{GRIT}'으로 꽃을 피운다.

나만의 콘텐츠가 있는가?

세계 명문 대학들이 요구하는 여섯 가지 역량(6C)이 있다.

1. Collaboration

힘을 합쳐 시너지를 낼 수 있는 협동 능력

2. Communication

생각을 논리적으로 구현하여 소통할 수 있는 능력

3. Contents

다른 사람의 것과 바꿀 수 없는 나만의 스토리

4. Critical thinking

주입식 암기가 아닌 더 좋은 생각을 할 수 있는 비판
적 사고 능력

5. Creative innovation

창의적 아이디어로 더 좋은 세상을 위한 혁신 능력

6. Confidence

진리에 대한 분명한 소신을 발휘하는 능력

세계 명문 대학이 원하는 6C 인재 역량

이러한 인재가 되기 위해서는 교과서만 가지고는 부족하다. 교과과정 외 별도의 활동과 노력이 필요한데, 한국의 스펙 교육으로 과연 가능할까? 우리가 잘 아는 한 사람을 소개해 보겠다. 그는 6C의 능력을 갖춘 인재였다. 바로 성경에 등장하는 '다윗David'이다.

다윗은 왕궁의 음악 치료사로 취직을 했다. 그때 그의 나이는 10대 중반쯤으로 추정된다. 그는 어릴 때부터 양들을 돌보며 자랐다. 양들이 풀을 뜯을 때 나무 그늘에 앉아 하프를 켜며 노래를 하는 싱어송 라이터이기도 했다. 이러한 스토리가 궁중 음악사로 취직하는 계기가 되리라고는 아마 상상도 하지 못했을 것이다. 그뿐만이 아니다. 그는 양 무리를 보호하기 위해 돌팔매질, 즉 무릿매 기술을 연마해 방어력을 갖추었다. 정지된 목표물에 정확히 타격하기 위해 연습에 연습을 거듭했고, 곰이나 사자들이 왔을 때를 대비해 움직이는 목표물을 맞추며 피나는 노력을 했다.

그러던 어느 날, 왕궁에서 전령이 찾아와 그를 사울왕에게 데려갔다. 그때 신하가 왕에게 다윗에 대한 추천서를 이렇게 썼다.

"그는 수금을 잘 탈 뿐만 아니라 용감하며, 뛰어난 언변에, 훌륭한 외모도 지녔습니다." — 사무엘상 16장 18절

다윗의 인생 스토리가 기록되어 있는 성경을 보면, 그의 예술적 재능이 매우 뛰어났었음을 알 수 있다. 인문학적 소양은 또 어떠한가. 중국 두보에 버금가는 엄청난 양의 시를 지었다.『구약성경』의 '시편' 중 80여 편에 해당하는 노래가 모두 그가 지은 시이다.

또한 그는 매우 용감한 사람으로, 포기보다 '도전'을 택하는 '긍정의 아이콘'이었다. 무릿매 실력은 거의 저격병 수준 이상의 탁월한 전문성을 갖추었다. 언변도 뛰어났다. 수다쟁이가 아니라 기승전결이 분명한 소통과 설득의 달인이었다.

친구들과의 경험으로 '나만의 스토리'를 써 내려가는 한 학생의 글을 소개하겠다.

"방학을 이용해 친구들과 함께 시골의 과수원에 봉사 활동을 다녀왔습니다. 과수원 일은 생각보다 쉽지 않았습니다. 날씨도 더웠고, 처음 하는 일이라 체력적으로도 많이 힘들었습니다. 하지만 최선을 다했습니다. 누군가를 도울 수 있다는 것에 감사했습니다. 삶은 수고를 통해 열매를 맺을 수 있다는 것을 깨닫고, '섬김'

의 소중함을 알게 되었습니다. 이익과 손해를 따지던 지난날의 내 모습을 반성하고, 이웃을 섬기며 부지런한 삶을 살아야겠다는 결심도 할 수 있었습니다."

나는 학생들에게 이렇게 가르친다.

"공부는, 세상을 변화시키기 위해 다양한 능력을 기르는 것이다."

여기서 능력이란, 브레인 파워뿐만 아니라 포기하지 않고 계속 도전하는 '멘탈 파워Mental power', 선한 인간관계를 이루는 '네트워크 파워Network power', 겸손과 자기 관리로 시작하는 '리더십 파워Leadership power', 진실함과 신실함을 더하는 '모럴 파워Moral power', 음식, 자세, 운동으로 공부의 기본을 만들어 주는 '바디 파워Body power', 삶과 죽음에 대한 통찰로 성숙해지는 '스피리추얼 파워Spiritual power', 이렇게 일곱 가지의 파워를 높이는 것을 말한다. 자세한 설명은 필자의 전작 『세븐파워교육』[8]에 자세히 기록했다.

이 학생은 봉사를 통해 인생에서 중요한 것을 공부했다고 볼 수 있다. 바로 이런 것이 큰 자산이 되는 것이며 세계 명문 대학에서도 지원자들의 자산이 되는 이러한 스토리를 가장 먼저 살펴본다. 그래서 자기소개서는 굉장히 중요하다.

당신의 자녀에게도 세상에 하나밖에 없는 스토리, 나만의 역사가 되는 인생 스토리가 필요하다.

인생을 개척해 나가는 힘은, 수학이나 영어 지식이 아닌, 스스로 진솔하게 써 내려가는 귀하고 아름다운 '나만의 이야기'에서 비롯된다.

Key Point.

세상에 하나밖에 없는 나만의 스토리를 만들어라. 대학을 목표로 하지 않을 때 완벽한 입시를 준비할 수 있다.

인성 人性 훌륭한 인성

나와 타인을 지각하며 사회에 선한 영향력을
줄 수 있는 정직한 삶의 태도와 습관

3장

‘공부력’을 높이는 친구 관계의 비밀

과연, 우리 아이는 좋은 친구인가?

우리 학교에서는 시험 등수를 학생들에게 알려 주지 않는다. '성적 우수자'라는 명목의 장학금은 더더욱 없다. 그럼에도 불구하고 아이들은 시험이 끝나면 서로의 점수를 물어 보며 등수를 추측한다. 부질없는 습관이다. 본능적으로 비교 심리가 있는 인간에게 비교를 조장하는 교육 시스템은 사라져야 한다고 본다. 그 무슨 1등급이네, 2등급이네, 하는 내신 9등급제가 바로 그것이다. '한우'에나 적용하는 등급을 우리의 자녀들에게 적용시키다니, 모욕도 이런 모욕이 없다. 서로 배려하고 격려하며 나아가야 할 교육 현장이 적자생존의 싸움터로 변질된 것이다. 좋은 친구를 만들기도 힘든데 이 사회가 우리의 자녀들을 나쁜 친구로 만들어 버리고 있지 않은가?

우리나라에서는 친구 관계를 맺는데 방해를 하는 요소들이 참 많다. 있는 그대로 인정해 주는 사회가 아니다. 성적이 높은 아이와 낮은 아이로 구분한다. 하지만 성적이 낮았던 아이들이 사회에 나가 성적이 높은 아이들보다 사회적 지위가 훨씬 더 높아지는 경우가 빈번하다. 이것은 어떻게 설명할 것인가? 사람에 대한 평가는 성적으로 하는 것이 아니라는 것을 단적으로 알려 주고 있지 않은가?

당신의 자녀는 친구들에게 좋은 친구가 되어야 한다. 그런데 방해가 되는 것이 무엇인가. 친구를 비교 대상으로 보는 것이다. 러시아의 시인 알렉산드르 푸시킨이 '삶이 그대를 속일지라도 서러워하거나 노여워하지 말아라.'[1]라며 삶의 소중함을 역설했듯이 자녀에게 당신은 "친구가 너를 속일지라도 서러워하거나 노여워하지 말아라."라고 말해 주어야 한다. 친구를 비교 대상으로 보면 결코 좋은 관계를 맺을 수 없다. '같이 밥을 먹고 웃으며 농담은 주고받을 수 있지만 나보다 공부를 더 잘하는 건 용납할 수 없다.'라는 식의 태도를 가지고 있다면 졸업 후 사회에 나가 결국 혼자

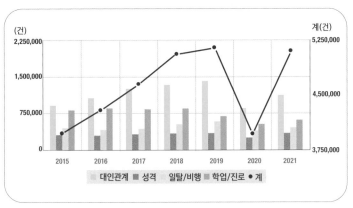

한국 청소년들의 고민 분석2

가 될 것이다. 위의 그래프를 보자. 진로에 대한 걱정이 가장 클 줄 알았더니, '대인관계'가 고민거리 1위로 꼽혔다. '사람'이 스트레스로 작용하는 사회, 이것이 진정으로 건강한 사회라고 할 수 있을까? 사람 때문에 위로가 되고 용기를 얻는 사회가 되어야 하는데 이 무슨 운명의 장난이란 말인가.

10대들의 사회에는 왕따, 폭력, 편가르기, 뒷담화, 비속어와 욕설, 비교와 경쟁 등 친구 관계를 방해하는 요소들이 사방에 널려 있다. 그 가운데서도 비교 의식은 친구 관계뿐만 아니라 사회생활에서도 결코 만족과 행복감을 가져다주지 않는다. 오히려 불안과 초조함만 더할 뿐이다. 원하는 성공에 대한 집념이 생기기보다는 원치 않는 실패에 대한 두려움만 가득 쌓인다. 이것이 과도한 비교 의식과 경쟁의식이 낳는 내면의 독인 것이다. 당신의 자녀가 좋은 친구 관계를 갖기 원한다면 먼저 마음의 독을 디톡스, 즉 '해독'해야 한다. 한 학생이 비교 의식에 대해 쓴 글을 읽어 보자.

"고등학생이 되면서 내 비교 의식은 더 심해졌다. 비교 의식은 내 마음 깊은 곳까지 침투해 어느새 무의식 중에서도 나를 남과 비교하고 있었고, 이것이 습관이 되었다. 나는 이를 뿌리 뽑기 위해 노력했다. 훈련을 통해 비교 의식을 버리고 나를 있는 모습 그대로 사랑하는 법을 알게 됐다.

전 세계 70억 인구 중에 나와 똑같이 생긴 사람은 단 한 명도 없다. 내가 다른 사람을 닮아 가는 것은 '결국 내 자신을 잃어 가는 것'과 마찬가지이다."

우리의 자녀들이 행복해지기를 원하는가? 그렇다면 자녀의 내면에 있는 비교와 경쟁의식 자리에 배려와 공감, 그리고 공동체 의식을 채워 관계의 독을 해독해 주어야 한다. 비교 의식이라는 관계의 독이 해독되면 어떤 일이 벌어질까? 먼저 공동체의 의미를 알게 된다. 다음은 관계의 독을 해독해 진정한 사랑의 의미를 알게 된 한 학생의 글이다.

"졸업반에 올라와서 저는 진정한 '사랑'이 무엇인지를 알게 되었습니다. 첫 번째로, 수평적 관계의 사랑이 무엇인지 알게 되었습니다. 대학 입시라는 큰 벽을 앞에 두고 있어 부담감을 느끼고 있었던 게 사실입니다. 서로의 점수를 비교하며 경쟁의식이 생겼을 수도 있었습니다. 하지만 우리는 울고 있는 친구를 위해 기도해 주고, 서로의 건강을 챙겨 주며 힘든 시간을 함께 견뎌 냈습니다. 모두가 최고가 되기 위해 노력할 때, 우리는 함께 성장하기 위해 노력했습니다. 늘 가까이 있어 알지 못했던 친구들의 소중함을, 졸업반에 와서야 깨닫게 되었습니다.

또한, 수직적 관계의 사랑을 배웠습니다. 힘들고 지칠 때마다 달려와 '언니, 힘내!'라고 응원해 주는 동생들, 행여 공부에 방해될까 숨죽여 복도를 지나는 동생들의 모습에서 저는 진정한 배려심과 사랑이 무엇인지를 배우며 큰 힘을 얻었습니다. 날마다 정성으로 우리를 가르치시고, 고민이 있을 때는 진심으로 위로해 주셨던 선생님의 사랑은 내리사랑이 무엇인지를 보여 주신, 귀한 가르침이었습니다."

학교는 또 하나의 가정이 되어야 한다고 생각한다. 가정에서 느끼는 사랑이 고스란히 녹아 학교로 스며들 때, 내면에 있던 비교 의식과 불안, 두려움이 다 해소될 수 있는 것이다.

당신의 자녀들을 날게 하라. 우리의 자녀들은 세상에서 가장 귀하게 태어난 존재들이다. 귀한 것에는 우열이 있을 수 없다. 세상에 단 하나밖에 없는 존재가 바로 당신의 자녀이다.

Key Point.

> 자녀에게 비교 의식과 경쟁의식을 해독해 주자. 그래야 좋은 친구가 될 수 있다.

친구의 장점 리스트 함께 작성하기

만방학교의 졸업생 한 명이 재학 중일 때 그린 그림일기를 묶어 책으로 출간했다. 제목은 『광야에 선 자의 고백』[3]이다. 아래의 만화를 보고 느낀 점을 자녀와 함께 나눠 보길 바란다.

오른쪽의 만화에서 주인공은 1등이라는 자리를 지키기 위해 무수한 싸움을 하며 친구들을 나락으로 떨어뜨린다. 그리고 1등이 되었다. 하지만 'Alone'라는 결론을 내린다. 과연 그는 좋은 친구였을까?

만화의 주인공처럼 1등만 하던 학생이 있었다. 어느 날 반의 임원 발표가 있는 날이었다. 반장이 될 것을 기대했던 그는 원하는 결과를 얻지 못했다. 그가 쓴 일기는 이랬다.

"나는 부반장이 되었다. 납득할 수 없는 결과였다. 발표 전 내가 부반장이 될 것이라는 소리를 들은 적은 있지만 '설마 진짜겠어?'라고 부정하며 희망을 붙잡아 오던 터였다. 실낱 같은 희망이 분노로 바뀌는 순간이었다. 내 생각과 감정을 통제할 수가 없었다. 솔직히 나는 내가 반장이 된 친구보다 더 잘났다고 생각하고 있었다. 앞으로 그 애를 받쳐 줘야 한다는 생각을 하니 화가 나고 앞길이 막막했다. 아니, 우월감과 이기심을 버리지 못하고 있는 나 자신에게 도리어 화가 나기도 했다. 다른 사람을 '보조해 주는 역할'은 한국에서 내가 맡았던 역할이 아니었기 때문이다. 자존심이 유리창 깨지듯 와장창 무너져 버렸다."

위 학생은 반장이 된 아이보다 성적이 높다. 글을 보면 성적으로 친구를 평가해 왔다는 것을 알 수 있다. 나는 이런 '1등 주의'에 중독돼 있는 아이를 '1등병 환자'라고 말한다. 1등이 되어 봤자 결국 '홀로 아리랑'이다. 교만은 치명적

인 독이다. 이 학생이 명문 대학에 가면 좋은 학교를 나왔
다는 '타이틀'은 얻을지 몰라도 인생에서 중요한 것들은 놓
치게 될 것이다. 리더십 이전에 '팔로워십'을 배워야 한다.
훌륭한 리더는 훌륭한 '팔로워'에서 출발한다.

어떻게 하면 그가 '좋은 친구'가 될 수 있도록 도울 수 있
을까? 선생님은 그에게 친구들의 이름을 적어 보자고 했다.
그리고 그 친구들의 장점과 배울 점을 나열해 보기로 했다.
먼저 반장의 장점과 배울 점을 각각 세 가지씩 적었다.

- 잘 웃는다.
- 타인을 웃게 하는 재능이 있다.
- 틀리더라도 당당하게 말하는 용기가 있다.
- 겉과 속이 한결같아 친구들이 잘 따른다.
- 때때로 분위기를 잘 이끌어 간다.
- 할 말은 하는 편이라 갈등을 빠르게 정리해 나간다.

자기보다 성적이 한참 낮은 아이에 대해서도 적어 보기
로 했다.

- 인내심이 많다.
- 신중하게 생각한다.
- 배드민턴을 잘친다.
- 친구들이 뭐라 해도 쉽게 화를 내지 않고 마음을 잘 통제한다.
- 자기 의견만 고집하지 않고 상대를 이해할 줄 안다.
- 이야기를 잘 들어 준다.

우리의 자녀들은 누구나 좋은 친구가 될 수 있다. 교만한 아이도 친구의 장점을 인정하며 포용하는 아이가 될 수 있고, 뭐 하나 잘하는 게 없는 것 같은 내 아이에게도 누군가가 부러워하는 특기가 있을 수 있다. 아이들은 저마다의 장점이 있고 잘하는 것이 있으며 본받고 싶은 좋은 성품이 있게 마련이다.

당신의 자녀가 좋은 친구들을 사귀길 원하는가? 그렇다면 친구의 장점 리스트를 적어 보고 그 친구들의 좋은 점을 인정하는 태도를 갖게 해 주어야 한다. 그리고 당신의 자녀가 먼저 좋은 친구로 다가가도록 가르쳐야 한다. '성적'이라는 벽을 허물고, '부모의 경제'라는 벽을 허물고, '사는 동네'의 벽을 허물어 모두와 어울릴 수 있어야 한다.

1등병 환자는 어떻게 됐을까? 그의 글을 소개한다.

나에게 '시기심'은 정말 생각지도 못한 문제였다. 왜냐하면 누군가를 질투해 본 적이 거의 없었기 때문이다. 나보다 잘하는 친구들은 거의 없다고 생각했고, 실제로 나는 우수한 조건 속에서 살아왔다. 그러나 만방학교에 오니 나보다 잘나고 멋있는 학생들이 너무나도 많았다. 이런 생소한 환경 속에서 시기의 감정이 드러나기 시작했다. 다른 친구가 나보다 더 성장하거나 더 잘 지내는 것 같으면 그 친구와 같이 지내기가 꺼려졌다. 나도 모르게 그의 단점을 찾았고, 심지어는 그것에 위안을 삼으려 하기도 했다. 하지만 이러한 내 생각과 행동들이 결국 나를 고립시키는 일이라는 것을 알게 됐다. 나 혼자 잘돼서는 절대 성공할 수 없으며 설령 잘된다 하더라도 그것이 진정 나를 위한 길이 아니라는 것을 깊게 깨달았다.

1등병 환자는 친구를 밀어 낸 '우월감'을 해독하고 친구들과 좋은 관계를 유지하며 지내다가 졸업을 했다. 그리고 중국 최고의 명문 대학이라는 칭화대학에 입학했고, 지금은 UC버클리에서 공부를 하고 있다.

만약 내 자녀가 친구와 잘 어울리지 못하는 것 같다면 주변 환경을 탓하지 말고, 아이의 내면과 태도를 먼저 살펴보아야 한다. 좋은 사람은 좋은 사람을 불러 모으는 마력이 있으며, 흙탕물을 다시 맑게 변화시키는 힘도 가지고 있다.

Key Point.

스스로 '최고'라는 인식을 버리게 하자. '겸손의 옷'을 입어야 친구들과 좋은 관계를 유지할 수 있다.

경쟁이 아닌 파트너십으로

"우리가 심사 위원 분들을 패배자로 만들자!"

두 사람은 멋진 듀엣으로 1차 관문을 통과하고 2차 관문에서는 경쟁 관계로 배정되었다. 둘 중의 하나는 떨어지면 집에 가야 하는 것이다. 두 사람 다 우승 후보로 여겨지던 실력자들이었는데 너무 일찍 만났다. 하지만 이들은 심사 위원을 패배자로 만들자는 한마디로, 경쟁이 아닌 파트너십을 이루었다. 경쟁은 너와 내가 하는 것이 아니라 심사 위원과 하는 것이다. 그러니 너와 나 사이에는 승리도 없고 패배도 없다. 최선만 있을 뿐이다. 두 사람의 결론은 이렇게 정리됐다.

"우리 사이에는 경쟁이 아닌 파트너십만 있을 뿐이야."

들으면 들을수록 감동이 되는 말이다. 결국 이 두 사람은 결선까지 올라 자신의 실력을 유감없이 발휘했다. 인기리에 방영됐던 한 TV 오디션 프로그램[4] 참가자들의 이야기이다. 이 감동적인 이야기가 교실에서 더 많이 만들어져야 하는데 심사 위원 되시는 높으신 분들이 교실을 전쟁터로 만들어 버렸다. 파트너십이 살아 움직이는 교실로 회복될 때 우리의 자녀들은 '행복'을 회복할 수 있다. 친구를 경쟁자가 아닌 파트너로 사귀어야 한다. 평생을 함께할 친구가 있다는 것은 돈을 주고도 살 수 없는 큰 자산이다.

그렇다면 좋은 친구와 파트너 관계를 맺으려면 어떻게 해야 할까? 몇 가지 기억해야 할 것이 있다.

먼저, '나'부터 좋은 사람이 되어야 한다. 좋은 사람이 되려면 '있는 그대로의 나'를 사랑해야 한다. 경쟁 관계 속에 살던 아이들은 자신을 사랑하는 법을 모르는 경우가 많다. 잘났다고 하면 우월감을 가졌다가, 못났다고 하면 열등감으로 전환되곤 한다. 내면에서 우등과 열등의 시소게임을 하다 자존감이 너덜거린다.

이렇게 바닥난 자존감은 어떻게 높일 수 있을까? 백날 자존감을 높이라고 해 봤자 이미 탈탈 털려 버린 자존감이 어디에서 '뿅' 하고 돌아오는 것은 아니니 말은 쉬운데 해결책이 간단하지 않다.

유태인 부모들에게 답을 구해 보자. 그들은 칭찬에 인색하지 않다. 하지만 결과만을 놓고 칭찬하지는 않는다. "1등을 했구나, 아이구 기특한 녀석!" 이렇게 결과에 초점을 둔 칭찬은 자녀의 인생관을 왜곡시킬 수 있다. '과정'을 칭찬해야 한다. '태도'를 칭찬해야 한다. 무엇을 위한 것이었는지 묻고, 동기를 칭찬해 주어야 한다. 좋은 나무가 좋은 열매를 맺듯, 내 아이도 좋은 나무가 되도록 가르쳐야 한다. 부모의 올바른 칭찬과 아낌없는 격려가 자녀의 건강한 자아상을 만들 것이다.

또한, 친구를 위해 손해를 볼 줄 아는 마음이 있어야 한다. 사랑한다는 것은 소중한 것을 내어 준다는 의미이다. 즉, 사랑을 하면 기꺼이 손해를 볼 수 있다는 것인데, 자식에게 보이는 부모의 사랑만 해당하는 것은 아니다. 친구

사이에서도 있을 수 있다. 자녀에게 '손해 보는 일을 하는 건 바보 같은 짓'이라고 가르친다면 세상은 삭막해질 수밖에 없다.

서울대 법대를 졸업하고 평생을 법조계 공직에 계셨던, 우리 학교 한 학부모의 유명한 일화가 있다.

고등학교 때 소아마비인 한 친구가 있었는데 걷는 게 힘들어 통학이 어려운 상황에 처하자 이 분이 기꺼이 친구의 '발'을 자처했다. 눈이 오나 비가 오나 친구를 업고 버스를 타며 등교를 함께했다는 것이다. 더욱이 두 사람은 명문 대학 진학을 목표로 하는 경쟁자였다. 하지만 친구를 위해 기꺼이 '손해'를 보기로 하자, 노년이 된 지금까지도 서로 힘이 되어 주는 좋은 '파트너' 관계가 되었다고 한다.

당신의 자녀를 혼자 잘나게 키울 것인가, 아니면 친구를 위해 손해를 감수할 줄 아는 자녀로 키울 것인가? 사랑은 남는 것을 주는 것이 아니라 소중한 것을 기꺼이 내어 주는 것이다.

마지막으로, 친구와 함께할 때 시너지가 발생할 수 있다는 것을 알아야 한다. 유태인들의 도서관인 '예시바'[5]는 굉장히 시끄럽다. 테이블마다 짝을 지어 서로 대화를 주고받으며 공부하기 때문이다. 하지만 한국의 독서실을 연상해 보라. 조용하다 못해 숨이 막힌다. 헛기침만 해도 눈초리가 따갑다. 발소리만 나도 눈치를 주니 사뿐사뿐 고양이처럼 숨죽여 지나가야 한다. 우리가 사는 아파트는 또 어떤가. 아래층에 수험생이라도 있으면 위층에서는 TV 볼륨을 조금 높이는 것도, 밤에 샤워를 하는 것도 눈치가 보인다. 어쩌다 한번 선을 넘었다 싶으면 당장 관리실로부터 항의 전화가 들어온다.

유태인들은 혼자 공부하는 것을 금기시하는 분위기이다. 사람은 편향성이 있어 잘못된 이론에 빠지면 헤어나기 어렵기 때문이다. 도서관에 가면 반드시 짝이 될만 한 사람을 찾아 공부하는 이유가 여기에 있다. 우리와는 정반대의 모습이다. 한국 학생들은 정보를 주면 친구는 붙고 나는 떨어질까 봐 벽을 치고 혼자 공부한다. 노트 필기 역시 같은 이유에서 빌려주기를 꺼린다.

홀로 고군분투하는 한국식 공부와 파트너십으로 '함께' 나누는 유태인식의 공부, 어떤 게 더 공부력이 높을까? 당연히 함께하는 유태인의 공부 방법이다. 이것이 바로 '하브루타'[6] 공부법이다. 하브루타란 '파트너'라는 뜻이다.

미국 행동과학연구소에서 발표한 학습 피라미드[7]에 따르면, 질문하고 설명하는 방식으로 학습한 내용은 90%까지 기억에 남는다고 한다. 즉 유태인의 공부법은 학습 효율이 매우 높다는 의미이다. 한편 혼자 공부를 하거나 주입식 강의와 같이 듣기만 하고 이해만 하는 한국식의 공부법은 학습 내용 중 90%가 날아가고 단 10% 이하만 기억에 남는다고 한다. 그러니 공부 시간에 목숨을 걸 수밖에 없는 것이다. 바꾸어 말하면, 유태인들은 우리보다 최소 두 배에서 최대 열여덟 배나 높은 공부력으로 공부하는 것이다.

내가 대학에서 학생들을 가르칠 때 수강생 서너 명을 한 그룹으로 엮어 파트너십 공부를 진행한 적이 있었다. 먼저 강의 진도 계획표를 나누어 주고, 그룹별로 돌아가며 강의를 하게 했다. 한 그룹이 강의를 하면 다른 그룹은 질문을 해야 했으므로 가만히 앉아 강의를 듣는 사람은 교수인 나밖에 없었다. 수업에 빠지고 싶어도 빠질 수 없고, 누구 하나 준비하지 않으면 참여조차 할 수 없는 시스템이었기에 수업 중에도, 끝난 후에도, 모든 팀이 부지런히 움직여야 했다. 수업 종료 5분 전이 되면 나는 강단에 나가 몇 가지 핵심 사항만 정리해 주고 수업을 마쳤다. 수년의 세월이 흐른 지금까지도 제자들은 그 수업이 가장 기억에 남는 과목이었다고 말한다.

함께하는 공부법은 두뇌에 스파크를 일으킨다. 그렇기 때문에 나는 학생들에게 이 파트너십 공부법을 열심히 설파하며 실천하고 있다.

나 혼자 성공하고자 하는 마인드셋으로는 세상을 이롭게 할 수 없다. 하지만 함께한다면 단순한 '1+1'이 아닌 100이 되고 1000이 되는 폭발적 시너지를 낸다.

유태인들은 인생에 답이 없다고 말한다. 질문이 더 중요하다고 생각한다. 그런데 우리는 어떤가? 답이 중요하다. 교실에서조차 '틀리면 어떡하지?'라는 생각에 감히 용기 내어 손을 들지 못하고 입을 다물고 만다. 함께하는 데 익숙하지 않고 혼자 하는 데 익숙하기 때문이다.

Key Point.

> 친구를 위해 손해 볼 줄 아는 마음으로 '함께하는 공부'를 훈련시키자.

4장

‘공부력’을 높이는 다섯 가지 방법

쫓기는 공부 vs. 쫓는 공부

공부는 크게 두 가지의 유형으로 나뉜다. 쫓기는 공부와 쫓는 공부. 만약 당신이 불안함 때문에 자녀를 학원에 보낸다면 자녀에게 쫓기는 공부를 시키는 것이다. 많은 학원들이 이러한 '불안 마케팅'으로 당신의 호주머니를 열게 한다.

몇 년 전 교육부의 통계에 따르면 자녀에게 사교육을 시키는 이유로 '불안심리'를 꼽은 학부모가 전체의 약 30%를 차지하는 것으로 나타났다. 학원에 대한 과도한 의존이 결국 주객전도를 불러와 학교가 학원의 보조 역할로 전락한 것이다. 핀란드에서는 학원에서 선행교육을 받으면 경고를 받는다고 하는데 부럽기 짝이 없다. 그들에게 선행은 공정하지 않다는 입장이다. 즉, 선행학습은 새치기 문화와 다를 바 없다는 것이다. 내 자녀가 행여나 뒤처질까 봐 '다른 아이들보다 빨리 배워 두면 선두 그룹에 속하겠지.'라는 심리가 작용하는데, 이러한 부모들은 저변에 불안심리가 깔려 있다. 꿈을 쫓아 사는 게 아니라 생존을 염려하는 쫓기는 삶이 되는 것이다.

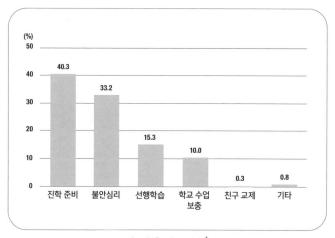

사교육을 받는 이유1

AI 시대, 4차 산업혁명 시대와 연상되는 단어는 무엇인가? '꿈과 비전'인가, 아니면 '살아남기 위한 전략'인가. 시중에 나오는 책들을 보라. '살아남으려면'이라는 단어가 들어간 책 제목을 어렵지 않게 볼 수 있다. 도서 시장에도 '불안 마케팅'이 성행하는 것이다. 좀 더 희망적이고 낙관적이며 가슴이 웅장해지는 제목을 붙일 수는 없는 걸까?

'내일'이나 '미래'라는 단어 역시 마찬가지이다. 막연히 우리를 불안하게 한다. 왜 그럴까? '미래'란 예측 불가능하고 불확실하기 때문이다. 대기업이나 공무원 채용 관문을 통과하기 위해, 즉 살아남기 위해 고군분투해야만 하는 피곤한 인생. 생각만 해도 힘이 빠진다.

자녀들에게 '쫓기는 삶', '살아남기 위한 삶'을 유산으로 물려 주지 말자. 불안과 두려움이 가중될수록 스트레스 지수가 올라가며 우울해진다. 공부력도 떨어져 가성비도 안 나오는 공부를 하게 된다. 안타깝지 않은가? 그 아까운 돈과 시간이 줄줄 새고 있다. 실패에 대한 두려움으로 마음을 졸이기에 자존감도 떨어진다.

다음의 그래프는 부모의 불안심리가 클수록 학원비 지출이 늘어난다는 연구 결과이다. 걱정을 덜하는 '불안1'의 부모가 100만 원을 쓸 때, 걱정을 가장 많이 하는 '불안4'의 부모는 164만 원을 쓴다. 걱정이 많은 부모가 상대적으로 그렇지 않은 부모에 비해 학원비를 64%나 더 쓴다는 것이

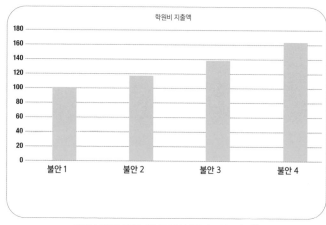

학원비 지출액

불안 1 불안 2 불안 3 불안 4

불안심리에 따른 학부모의 학원비 지출 정도[2]

다. 결코 무시할 수 없는 차이 아닌가.

자녀들이 부모의 기대감에 쫓겨 공부하는 경우도 많다. 부모의 과도한 관심에 압박을 받는 것이다. 이들은 부모의 관심과 기대를 좋은 성적으로 보답해야 한다는 두려움을 갖고 있다. 할 수만 있다면 커닝이라도 해서 고득점을 받아 부모님을 기쁘게 해야 한다는 사명으로 가짜 인생을 산다. 100점을 맞으면 다음에도 100점을 맞아야 한다는 강박으로 불안감에 시달린다. 실패하면 안 된다는 중압감이 커지면 결국 신경쇠약, 과민성 대장염을 일으켜 몸과 마음에 무거운 돌덩이만 얹게 된다.

아래의 글은 다른 사람의 시선을 의식해 쫓기는 공부를 했던 한 학생의 고백이다.

"지금까지 내 마음속에는 '다른 사람의 시선'이라는 부담의 돌덩이가 자리잡고 있었다. 주변 사람들에게 늘 완벽하고 빈틈없는 모습으로 보여지길 원했고, 진정한 공부의 의미를 알지 못했다. 그래서 행복한 순간에도 마음 놓고 웃을 수가 없었다. 그런데 오늘 선생님께서 내가 고민하고 있는 지점을 먼저 말씀하셨다. 아무도 모를 거라고 생각했는데 마음을 들켜 버린 것 같아 부끄러웠다. 부모님께는 '공부 잘하는 딸', 선생님들께는 '공부 잘하는 성실한 학생', 친구들에게는 '완벽하고 멋있는 친구'로 보이기 위해 속으로 끙끙대고 혼자 아파했던 기억이 나 눈물이 났다."

자녀들에게 절대 따라다니지 말아야 할 단어가 몇 개 있다. 그것은 바로 '적자생존', '살아남기'이다. 이제부터라도 자녀에게 이러한 짐을 내려놓을 수 있게 해 주어야 한다. 욕심은 내려놓고 즐거운 마음으로 공부를 '주도'하며 살아갈 수 있도록 격려해 주어야 한다. 미래는 불확실한 것이 아니라 무한한 가능성을 품은 '희망'으로 인식해야 한다.

적자생존이 아닌 '윈-윈$^{Win-win}$'으로, '살아남기'가 아닌 '뛰어넘기'로, 생각의 프레임을 바꾸는 것부터가 우리의 할 일이다.

Key Point.

살아남기 위한 공부가 아닌, 나를 뛰어넘고, 미래를 돌파하는 주도적인 공부를 하게 하자.

○○ 까지 걸려 봤는가?

"공부를 잘할 수 있는 비결 좀 말씀해 주세요."

이런 질문을 들으면 나는 이렇게 답한다.

"공부를 잘하려면, ○○까지 걸려 봐야 합니다."

'○○'이 뭘까? 바로 '치질'이다. 얼마나 앉아 있었는지도 모르게 공부에 집중하고 있으면 치질에 걸린다.

학창 시절 나는 천둥, 번개가 쳐도 모를 정도로 공부를 했다. 한번은 이런 일도 있었다. 그날은 수업이 없는 휴일이었고, 도서관에서 하루 종일 공부할 수 있었다. 얼마나 열심히 했는지 나무 의자에 앉았는데도 딱딱하다는 느낌을 잊을 정도였다. 그런데 어느 순간 앉은 느낌이 이상했다. 화장실에 가서 변기에 앉아 점검을 해 보니 헉! 항문 근처에 뭔가가 튀어나오지 않는가. 조금 아팠다. 걸을 때에도 불편함을 느꼈다. 그 후로 누가 공부를 잘할 수 있는 비결에 대해 물으면 나는 늘 이렇게 답을 하는 것이다.

"치질이 걸릴 정도로 엉덩이를 떼지 않는 몰입을 경험해야 합니다."

수학은 마치 '게임'과도 같다. 한 문제를 끝내고 나면 그다음 단계의 문제가 나를 기다리고 있다. 그럼 '어서 오너라. 내가 오늘 너를 확실하게 이겨 주마.'라며 또 전진한다. 풀 때마다 쾌감이 느껴진다. 이렇게 문제에 집중하다 보면 나도 모르게 시간이 흘러갈 수밖에 없다.

오래전 막노동으로 돈을 벌며 서울대 법대에 수석 합격한 한 법조인이, 수험생들의 가슴에 비수(?)를 꽂는 한마디 제목으로 책을 낸 적이 있었다. "공부가 가장 쉬웠어요."[3] 저자는 몰라도 아마 이 말을 모르는 사람은 없을 것이다.

그런데 정말이다. 미안하지만 나 역시 공부가 가장 쉽다고 말하는 사람 중 한 명이다. 공부는 쉽다. '답'이 있지 않은가. 어른이 돼서 풀어야 할 문제를 보라. 답이 없다. 답이라고 믿고 푼 문제도 일을 추진하다 보면 이게 맞는 선택인지 의심이 들 때가 한두 번이 아니다. 몰입 대신 걱정이 뒷덜미를 잡는다. 걱정이 없으면 걱정이 없겠다는 말이 있듯, 걱정은 우리의 집중과 몰입을 방해할 때가 많다.

걱정이 많으면 집중이 안 되고 결국 공부력이 떨어져 오래 앉아 있어도 성적이 오르지 않는다. 걱정이 많은 아이들이 그래서 몰입을 잘 하지 못한다. 수학 공부를 하다 보면 영어가 걱정이고, 영어 공부를 하다 보면 물리가 걱정이다. 걱정의 고리를 만들어 다람쥐 쳇바퀴 도는 공부를 하는 것이다. 자녀가 공부를 할 때 몰입을 하지 못하는가?

자녀에게 생각과 감정을 지배하는 것들을 마인드맵으로 적어 보게 하라. 그리고 가지치기를 해야 할 것들이 무엇인지 적게 하라.

이 시대는 아이들이 깊게 생각하지 못하게 한다. 잡념이 많아져 분명한 목표를 갖지 못하게 한다. 점점 짧고 강렬한 자극을 요구해 인내심이 사라진다. 대부분의 부모가 자녀의 공부 플랜을 대신 짜 주기 때문에 자녀를 공부 기계, 아니 공부의 노예로 전락시키는 경우도 많아진다. 우리는 자녀에게 '단순성'을 갖도록 도와주어야 한다. '생각의 단순성', '행동의 단순성'이 필요하다. 단순성에는 힘이 있다. 깊이가 있다. 집념이 있고 확신이 있으며 분명한 목표를 향해 달려가게 한다. 다음은 한 학생이 서울대 황농문 교수의 『몰입』[4]이라는 책을 읽고 쓴 감상문이다. 중학교 3학년 학생의 글이라는 것을 참작하고 읽어 보라.

"몰입도를 높이는 방법 중 하나는 '슬로우 씽킹Slow thinking'을 하는 것이다. 한국인들은 무엇이든 빨리 하려고 한다. 하지만 이 '빨리'라는 단어는 몰입과 잘 어울리지 않는다. 몰입의 장점이자 단점인 '오랜 시간'과 '느림'은 '빨리'라는 단어와 정반대의 의미이기 때문이다. 이러한 개념은, 몰입을 위해 신경을 곤두세우고 긴장을 해야 한다는 우리의 상식과 어긋난다. 시간이 오래 걸리더라도 천천히 생각하고 노력하는 것, 이것이 바로 몰입의 기본이다. 몰입하는 사람에게는 한계가 없고 후회도 없다. 나는 일상생활에서 몰입을 많이 경험한다. 'π'를 외울 때, 책을 읽을 때뿐만 아니라 생각을 할 때도 몰입하려고 노력한다.

얼마 전 '인간'에 대한 숙제를 하는데 문득 '인간은 정말 장점과 단점이 있을까?'라는 질문을 갖게 되었고, 그 문제에 대해 몰입함으로써 나만의 답을 찾아낼 수 있었다. 몰입은 우리의 삶을 발전시킬 수 있는 중요한 생각의 방법 중 하나이다."

자녀에게 몰입을 경험할 수 있는 환경을 제공하라. 그리고 실패를 두려워하지 않는 아이로 키워라. 일론 머스크도 '실패를 경험해 보지 않았다면 당신은 열심히 산 것이 아니다.'라고 말했다. 이 말에는 실패를 해도 포기하지 않고 다시 일어서는 그의 몰입의 능력이 숨어 있음을 알 수 있다. 자녀의 공부력을 높이고 싶은가? 그렇다면 다음의 강박관념에서 벗어나게 하라.

- **경쟁에서 이겨야 한다는 강박관념**
⇨ 자녀의 삶은 경쟁하는 것이 아니다. 앞으로 나아갈 뿐이다.
- **명문 대학에 가야한다는 강박관념**
⇨ 자녀를 상품으로 키울 것인가, 작품으로 키울 것인가?

강박관념은 막연한 두려움에서 온다. 그 두려움과 걱정

은 자녀의 신경계를 마비시켜 몰입이 아닌 산만의 결과를
불러일으킬 뿐이다.

Key Point.

잘해야 한다는 강박관념에서 벗어나 '몰입'을 할 수 있는 단계에
이르게 하자.

디지털 vs. 아날로그

실리콘밸리, 많은 젊은이들이 일하고 싶어 하는 꿈의 직장. 그곳에 애플, 구글, 앤비디아, 테슬라 등 전 세계의 기술을 주도하는 회사들이 다 모여 있다. 그곳의 부모들은 자녀를 어떻게 교육시킬까? 미국에서 가장 학군이 좋다는 이곳의 팔로 알토, 쿠퍼티노의 학교교육은 어떨까?

IT 분야의 최첨단을 걷고 있는 거장들은 '디지털 제로' 교육, 즉 아날로그 교육을 선호하고 있다.

"어릴 때 컴퓨터를 안 배우면 디지털 시대에 뒤처진다고들 하는데, 컴퓨터를 다루는 건 치약을 짜는 것만큼 쉬운 일이다. 성인이 돼서 해도 충분한데, 이런 생각이 왜 잘못됐다고 하는지 모르겠다." — 피에르 로렌트, 마이크로소프트

"아이패드가 수학과 독서 훈련에 도움이 되리라고 생각하지 않는다. 디지털기기는 시간과 장소를 구분해 운용해야 한다." — 앨런 이글, 구글

"뇌 속에 있는 컴퓨터도 다룰 줄 모르는데 뇌 밖의 컴퓨터를 줘 봐야 무슨 소용이 있나." — 아치 더글러스, 발도르프학교 그린우드 교장

"내 딸은 열세 살까지 페이스북을 접하지 않도록 하겠다." — 마크 저커버그, 페이스북(현 메타)

위의 사람들의 공통점은 무엇인가? 바로 실리콘밸리에 있는 사람들이라는 것이다. 그렇다면 현존하는 최고의 IT 전문가들은 성장기의 자녀들에게 왜 디지털기기를 멀리하게 하는 것일까? 창의력은 디지털기기에서 나오는 것이 아니기 때문이다. 독서로 인문학적 소양을 기르고, 클래식 음악으로 감수성을 키우는 것이 곧 사람과 예술, 자연에서

얻을 수 있는 배움의 밑바탕이 된다. 디지털기기를 통해 얻는 '기술'과 '이론'도 중요하지만 사람에게 필요한 감성과 덕목을 먼저 갖춰야 한다는 것, 바로 이러한 신념이 있는 것이다.

독일에서 시작된 '발도르프학교'[5]를 살펴 보자. 교육목표는 '상상력, 자연에 대한 사랑, 탐구심을 길러 독립적이고 창의적인 사고와 조화로운 태도로 세상에 기여하는 사람을 기르는 것'이다.

이 학교는 다양한 영적, 문화적 경험과 그것을 통한 존중과 공감, 자연과 지구에 대한 경외심, 학교 안팎의 공동체에 대한 봉사 등에 높은 가치를 둔다. 아이들을 지적, 감성적, 사회적, 육체적, 영적으로 성장시키는 데 커리큘럼을 맞추며, 부와 명성, 지위와 같은 가치가 아닌 연대, 공감, 정직, 봉사 등을 강조한 교육을 시킨다. 또 컴퓨터, 아이패드, 휴대폰과 같은 디지털기기에 접근하는 것을 조심스러워하는데, 이유는 너무 일찍 컴퓨터 기기를 접하는 것이 아이들의 성장에 나쁜 영향을 미친다고 생각하기 때문이다. 태블릿이나 휴대폰을 갖고 노는 것보다 예술과 체육 활동을 통해 자신을 표현하는 법을 배우는 게 정서적, 육체적 성장에 더 도움이 된다고 강조한다.

만방학교는 설립 때부터 이 발도르프와 같은 디지털 제로 교육정책을 견지해 왔다. 우리 학교는 디지털기기에 대해 다음과 같은 제한을 두었다.

1. 스마트폰

입학 전 해지 신청을 해야 한다. 단 부모님과의 소통용으로 2G폰은 소유할 수 있다.

⇨ 스마트폰을 통한 연락 대신, 친구와 '얼굴을 보며 대화하는 소통'을 강조한다. 대인관계능력은 서로의 얼굴을 직접 보는 데서 나오기 때문이다.

2. 전자사전

종이책 사전만 허용한다.

⇨ Easy come, easy go. 쉽게 알게 된 것은 쉽게 달아나기 때문이다.

3. 컴퓨터

모든 필기는 손글씨로 해야 한다.

⇨ 손을 써야 전두엽이 더욱 활성화되기 때문이다.

4. 헤드폰

학교에서 이어폰을 끼지 않는다.

⇨ 혼자의 시간보다는 친구와 서로 교감하며 대화하는 시간을 통해 사회성을 길러야 하기 때문이다.

디지털기기는 우리의 사고를 방해한다. 두뇌의 총사령관 역할을 하는 전두엽의 발달을 저해하기 때문이다.

요즘 대부분의 아이들이 동시다발적으로 유튜브 동영상을 보고, 문자메시지를 보내며 공부를 한다. 디지털기기를 통한 멀티태스킹은 두뇌 발달에 크게 도움이 되지 않는다. 전두엽이 두꺼워지기보다 얄팍한 상태가 되어 깊이 있는 사고나 창의력이 나올 수 없기 때문이다. 이러한 습관을 가진 사람은 나이 들어 치매에 걸릴 확률도 높다.

디지털 제로와 함께 다음의 교육을 자녀에게 시도한다면 아이들의 두뇌는 더욱 극대화될 것이다.

1. 화장

만방학교는 여학생들의 화장을 금하고 있다. 외면의 아름다움은 내면의 아름다움을 이기지 못한다. 10대는 외모보다 내면의 아름다움을 가꿀 때이다.

2. 이성 교제

이성 교제를 할 수 없다. 청소년기의 1년이란 시간은 어른의 10년에 해당할 만큼 짧고 강렬하다. 인생에 있어서 매우 중요한 시기이므로 꿈을 위해 미래를 계획하고 준비하는 데 매진해야 한다.

3. 손글씨 쓰기

컴퓨터로 익힌 단어는 철자도 잘 생각나지 않을 때가 많다. 키보드를 두드리는 공부는 화상처리와 감정을 조정하는 오른쪽 뇌를 자극하지만, 손글씨로 하는 공부는 주의력과 집중력, 논리력을 키우는 왼쪽 뇌를 자극한다. 게다가 손글씨를 써 가며 단어를 익히면 뇌에 운동을 동반한 이미지로 남게 되며, 소리까지 내서 공부하면 학습효과는 배로 높아진다. 여기에 반복하는 복습은 뇌신경회로에서 기억의 누수를 방지하도록 전깃줄을 피복하듯 그 피복을 두텁게 하여 기억이 오래가는 것이다. 뉴런의 축에 '미엘린'[6]이라는 신경세포가 다닥다닥 들러붙어 지식이 도망가지 못하게 막는 것이다.

4. 독서와 감상문 쓰기

우리 학교는 학생이 입학 지원을 하면 국영수의 간단한 테스트와 토론 면접이 진행된다. 토론에는 지원자와 부모가 함께 참석한다. 동생까지 따라오면 동생도 토론에 참여할 수 있다. 토론을 하다 보면 부모님이 애가 타는 경우가 많은데 생각보다 아이들이 자기의 생각을 잘 정리하지 못할 때가 많기 때문이다. 이런 아이는 대체로 디지털기기와 친한 경우가 많다. 손에는 늘 스마트폰이 들려 있으니 책을 읽을 시간이 없고, 그러다 보니 생각하는 힘이 약해진 것이다. 그뿐인가? 감수성도 약하고 상상력도 약하고, 표현력은 더더욱 부족하다. 이런 아이들에게 나는 독서와 감상문 쓰기를 권장한다. 읽기와 쓰기 활동을 꾸준히 하면 두뇌는 어느 시기에 폭발적으로 '퀀텀Quantum 성장' 할 수 있다. 독서는 전두엽과 전전두엽, 후두엽과 측두엽뿐만 아니라 좌뇌와 우뇌를 동시에 쓰기 때문에 두뇌 활성화에 필요한 마법과 같은 약이라 할 수 있다. (단, 만화책은 해당하지 않는다.)

5. 두 개 이상의 외국어

자녀들에게 영어만 가르치면 안 된다. 적어도 두 개의 외국어는 익히게 해야 한다. 우리 학교의 한국 학생들은 중국어와 영어를 동시에 배운다. 서로 다른 문법 체계와 발성법 등 완전히 새로운 것에 도전하는 것이다. 외국어는 출세와 성공의 수단이 아니라 그 나라의 문화를 배우기 위해 공부하는 것이라고 생각하면 언어 학습 그 이상의 것을 얻을 수 있을 것이다. 수화도 하나의 언어이기 때문에 수화를 배워도 좋을 것이다. 사회적 약자에 대한 공감 능력도 키우고 얼마나 좋은가!

6. 전교 합창단

합창을 통해 공감 능력과 협동 능력을 키운다. 서로를 배려하지 않으면 절대로 아름다운 하모니를 만들 수 없다. 합창을 통해 비교와 경쟁의식에 사로잡힌 병적 가치관을 버리고 나보다 남을 더 낮게 여기는 '겸손의 가치관'을 형성해야 한다.

내 아이가 공부를 잘하는 우등생이 되기를 원하는가? 그렇다면 당신 자녀의 운명은 '전두엽'에 있다. 그중에서도 전전두엽이 발달하면 문제해결능력이 좋아진다. 뿐만 아니라 통찰력과 계획력, 예측력과 판단력, 실행력 등 인간의 고차원적인 능력도 좋아질 수 있다. 해산의 고통보다 심하다는 사춘기 진통을 줄이고 싶다면 전두엽 발달에 노력하라. 감정 조절이 안되는 이유 역시 전두엽이 충분히 발달하지 않았기 때문이다. 대게 감정 조절이 안될 때 '뚜껑이 열린다.'라는 표현을 하는데 이는 전두엽이 작동을 하지 않는

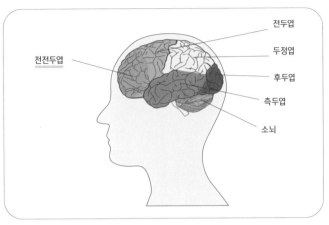

전두엽
두정엽
후두엽
측두엽
소뇌
전전두엽

전전두엽 Prefrontal cortex

다는 말이다. 디지털기기 사용은 전두엽 발달에 크게 도움이 되지 않는다. '슬로우 씽킹'을 돕는 방법을 모색해 자녀를 양육해야 한다. 회사에서 총사령관 역할을 하는 사람이 CEO라면, 한 인간의 CEO는 전전두엽이라고 할 수 있다. 공부를 잘하는 아이와 못하는 아이의 차이는 바로 이 전두엽에 있다.

Key Point.

디지털기기를 끄고, 전두엽의 전원을 켜게 하자. 손으로 필기를 해야 전두엽이 발달한다.

질문 노트로 물구나무서기

"마따호쉐프?"

이것이 유태인 부모와 교사들이 가정과 학교에서 가장 많이 하는 말이 아닌가 싶다. 번역하면, "네 생각은 어떠니?"이다. 질문을 권장하고 질문에 대한 답을 스스로 내도록 유도하는 말이다. 부모나 교사는 아이의 머릿속에 있는 생각을 끄집어내도록 돕는 역할을 한다. 이러한 과정을 반복하다 보면 논리적사고를 바탕으로 자신의 생각을 말과 글로 표현할 수 있게 되며, 지식이 확장돼 새로운 아이디어가 봇물처럼 솟게 되는 것이다.

미국에서 경영학 수업을 들을 때였다. 나는 공학박사였지만 비영리기관 경영에 관심이 많아 2년 정도 공부를 했다. 마케팅 수업이었다. 학생들의 질문이 여기저기서 쏟아졌다. 열의 있고 자유로운 분위기가 좋았다. 자유롭다 못해 교수에게 선을 넘는 듯한 태도가 보였다. 테이블에 구둣발을 올려놓고 질문을 하는 학생들이 있었다. 충격이었다. 내 눈에는 예의가 없어 보였지만 그들에게는 자연스러워 보였다. 나도 그런 분위기에 적응하고 싶어 슬쩍 발을 올려 보았지만 도저히 마음이 편치 않아 이내 내려놓았다. 자유분방한 수업 분위기에 익숙해지는 데 시간이 좀 걸리긴 했지만 교수가 '스승'으로서의 권위를 내려놓고 수업의 역동성을 살린, 좋은 교육 방식이었다고 생각한다.

교수는 수업 시간마다 그룹을 만들어 질문 쪽지 하나씩을 건네주고 10분간 그 질문에 대한 토론을 하게 했다. 지금도 그때의 질문 주제와 함께 토론했던 친구들, 뜨거웠던 강의실의 분위기가 생생히 떠오른다. 몇십 년이 지난 지금도 기억에 살아 있으니 정말 훌륭한 공부법 아닌가?

질문에는 '받는 질문'과 '하는 질문'이 있다. 두 가지 모두 두뇌 활성화에 큰 도움이 된다.

우선, "너는 어떻게 생각하니?"처럼 '받는 질문'을 통해 두뇌가 깨어난다. 누구나 질문을 받으면 답변을 해야 한다. 그러기 위해서는 순간적으로 빠르게 생각해야 하고 논리를 세워야 하는데 바로 그때, 뇌 속의 '슈퍼컴퓨터 Supercomputer'가 돌아간다. 아니 '양자컴퓨터'가 돌아가는 것이 맞다. 두뇌는 순차적 이진법이 아니라 동시다발적 신호 체계로 돌아가니 말이다. 호기심은 물론 역발상의 아이디어, 공부 도로의 확장, 기억력의 급상승으로 스스로 끊임없이 질문하며 몰두할 수 있는 것이다.

생각에도 계단이 있다. 질문에 답을 하는 과정은 생각이 계단을 하나씩 올라가는 것과 같다. 이러한 질문에 답을 하는 과정이 반복되다 보면 '레토릭Rhetoric' 즉, 수사학의 전문가적 수준에 도달하게 된다. 유태인 출신의 변호사, 교수가 많은 이유도 바로 이 '마따호쉐프?'의 수업 방식 때문이다. 마이크 샌델의 저서『정의란 무엇인가』역시 가정과 학교에서 주고받은 질문과 답변의 내용들 아니겠는가. 토라를 읽고 그 질문들에 대한 답변을 정리한 것이 '탈무드'이다. 토라가 유태인들의 '삶의 기초이자 원리'라면, 탈무드는 '삶의 실천서'라고 할 수 있다. 그들에게는 질문과 답변은 곧 '생활'이다.

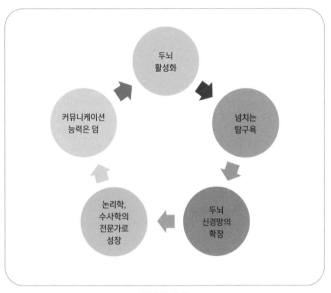

질문의 유익

　받는 질문이 두뇌의 외부적 점화라고 한다면, 자체 점화
도 가능하다. 그것은 '내가 나에게' 질문을 하는 것이다. 이
는 주고받는 질문이 많지 않은 한국과 같은 문화권에서 좋
은 효과를 얻을 수 있다.

　그렇다면 어떻게 해야 질문으로 학습효과를 높일 수 있
을까? 나는 '질문 노트 만들기'를 추천한다. '안중근'이라는
인물에 대해 공부를 한다면 이렇게 작성해 볼 수 있다.

- 안중근의 시대적 배경은?
- 안중근의 엄마는 어떤 사람이었나?
- 안중근의 독립운동에 동기부여를 한 인물은?
- 안중근은 왜 하얼빈으로 갔나?
- 안중근이 저격한 이토 히로부미는 어떤 인물이었나?
- 안중근의 꿈은 대한의 독립이었는데, 현재 나의 꿈은?

이런 식으로, 답이 있든 없든 궁금한 것은 다 노트에 적는 것이다. 열 개에서 스무 개 정도만 적어도 훌륭한 질문 노트가 된다. 처음에는 거침없이 써 내려갈 수 있다. 그러다 더 이상 질문이 생각나지 않을 때가 있는데, 이때가 진짜 질문을 할 때이다. 이제부터는 표면에 있는 질문이 아니라 숨어 있는 질문을 '파야' 한다. 질문을 통해 내가 얻고자 하는 바를 생각해야 한다. 마치 땅속에 묻힌 보물을 캐듯, 신중하게 질문을 파야 한다. 놀라운 질문이 나올 것이다. 천재가 되는 비결은 멀리 있지 않다. 질문을 파는 사람이 노다지를 발견하는 것이다. 남들이 생각하지 못한 아이디어들이 불꽃처럼 터지는 순간을 경험할 수 있다.

카이스트의 이광형 총장은 교수 시절 '괴짜 교수'로 유명했다. 오래전 '카이스트'라는 드라마에 등장하는 괴짜 교수의 실제 모델이기도 했는데, 파격적인 헤어스타일과 말투, 독특한 수업 방식은 당시에 실존 인물임을 의심할 정도로 큰 화제를 모으기도 했다. 수업 방식뿐 아니라 시험문제까지도 '괴짜'스러웠는데, 한번은 대학원생들에게 그가 이런 문제를 내 주었다고 한다.

'내 컴퓨터를 해킹하라.'

매우 기발한 문제가 아닐 수 없다. 또한 고정관념을 깨기 위해 TV를 거꾸로 설치해 시청하는 것으로도 유명하다. 모두 다 거꾸로 매달린 세상을 보는 것이다. 순간순간 질문이 생길 수밖에 없다. 그의 기행 아닌 기행으로 대한민국에 내로라하는 벤처사업가들이 배출됐다. 한국 IT 업계의 리더를 양성하는 IT 벤처사업의 대부. 그는 일류 대학의 총장이기 이전에 학생들의 '창의력'을 일깨워 주는 훌륭한 교사였다.

틀에 박힌 사고와 틀에 박힌 수업으로는 결코 뛰어난 인재가 될 수 없다. 다각적인 관점에서 사물과 현상을 입체적으로 봐야 '유레카'를 외칠 수 있다. 간혹 질문을 '몰라서 하는 것'으로 생각하는 사람들이 있는데 절대 그렇지 않다. 질문을 통해 아는 것을 의심하고 반박하고 추론함으로써 이전에 알지 못한 새로운 사실을 도출해 낼 수 있다. 내가 알고 있는 것을 끊임없이 의심하고 문제를 제기하는 것만으로도 사고력이 확장돼 더 넓은 영역의 지식을 탐구할 수 있는 것이다.

훈련 없이 이루어지는 것은 아무것도 없다. 질문 노트를 활용해 오늘부터 질문을 하는 습관을 기르자. 자녀와 함께 독서를 하며 노트를 작성하는 것도 좋은 방법이다.

질문을 통해 마치 물구나무서듯 세상을 거꾸로 바라보자. 있는 그대로 보지 말고 뒤집고 꼬집고 비틀고 짜내며 사물을 새롭게 보는 습관을 기르자. 세상을 바꾸는 지혜는 세상을 다르게 보는 데서 시작한다.

Key Point.

> 질문 노트를 만들어 궁금한 것을 모두 적게 하자. 질문을 하는 사람이 답을 얻을 수 있다.

남을 먼저 성공시키자

공부를 잘하는 아이들은 토론에 익숙하다. 처음에는 머뭇머뭇하지만 한번 용기를 내서 토론에 참여하면 지식이 정리되고 생각이 확장되는 것을 경험한다. 그런데 토론을 싫어한다? 그리고 혼자서 공부한다? 집중력이라도 높으면 천만다행이지만 스마트폰을 옆에 두고 혼자 공부한다면 시간만 보내는 것이나 다름이 없다.

당신의 자녀가 공부를 잘할 수 있는 몇 가지 '다이아몬드 팁'을 공개하겠다.

먼저, 수업을 들을 때 '내가 선생님이라면?' 하고 생각해보게 하라. 그러면 그 선생님의 눈동자와 입놀림, 손짓 등이 크게 보일 것이다. 선생님이 되어 내가 학생들을 가르친다고 생각하면, 아이들에게 어느 부분을 강조하고 싶은지, 어느 대목에서 밑줄을 그으라고 말하고 싶은지, 가르치는 교사의 눈으로 내용을 이해하게 된다. 그러다 보면 선생님이 강조하는 포인트가 눈에 보이는 것이다. 이것은 내가 학창 시절에 직접 경험한 팁이다. 집중에 성공했으면 90% 성공한 것이다. 그다음은 복습으로 뇌신경회로를 강화하면 되니까 말이다.

두 번째 비결은 '스터디 그룹'을 만드는 것이다. 룰을 정하고 의지를 다진 친구들 서너 명만 모여도 충분하다. 아니 단 두 명만 있어도 좋다. 서로 토론을 하며 공부를 하면 기억에 오래 남는다. 왜냐하면 그날의 날씨와 분위기가 뇌에 '스토리'로 저장되기 때문이다. 여행지에서 사 온 기념품을 보면 그때의 바람과 풍경, 함께했던 사람들이 떠오르는 것과 같은 이치이다.

세 번째로는 '시험문제를 직접' 만들어 보는 것이다. 학창 시절 나는 시험 전 꼭 문제를 만들어 보는 습관이 있었다. 내가 선생님이라면 어떤 문제를 낼 것인지를 생각해 문제를 낸 뒤, 그것을 친구들에게 주어 풀어 보라고 했다. 시험에 나올 만한 문제를 내고 서로 바꾸어 풀어 가며 함께 시험문제를 예측한 것이다. 이때 필요한 자세가 바로 '친구를 성공시키자는' 마음이다. 나만 잘되겠다고 생각하면 절대할 수 없는 일이다.

내가 카이스트 시험을 준비할 때였다. 시험 전날, 이때도 역시 내가 교수라 생각하며 친구와 함께 예상 문제를 내어 서로 풀어 보았다. 그러자 기적 같은 일이 벌어졌다. 내가 냈던 문제들 가운데 두 문제가 시험에 유사한 형태로 나온 것이다. 우리는 그 두 문제를 너끈히 풀어냄으로 합격의 영광을 안았다. 그 덕에 공학박사들이 되지 않았을까, 감사하게 생각하고 있다. 당시에 나는 학과에서 차석으로 합격했는데, 농담 삼아 말하곤 한다. 수석하면 교만해지니까 차석을 한 거 아니겠냐고. (하하)

공부를 잘할 수 있는 마지막 비결은, 공부한 것을 '남에게 가르치는' 것이다. 자기 혼자 공부하고 이해했다고 해서 그것이 나의 지식이 되는 것이 아니다. 반드시 확인을 해야한다. 공부에는 머릿속에 지식, 정보를 집어넣는 '입력의 공부'가 있고 그것을 끄집어내는 '출력의 공부'가 있다. 생각해 보라. 배운 것을 마치 금고에 넣듯 머릿속에 집어넣고 잠가 놓는다면 그게 무슨 유익이 있겠는가. 가르칠 대상이 없으면 곰, 토끼, 사자 인형을 갖다 앉혀서라도 가르쳐 보게 하라. 이만큼 놀라운 공부 방법이 없다. 몰랐던 것도 생각이 나고, 새로운 아이디어가 솟구치기도 한다. 엄마, 아빠를 가르쳐 보게 하는 것도 귀중한 경험이 될 것이다.

예전에 한 방송사에서 '공부 잘하는 학생들의 비밀'을 보여 주는 다큐멘터리 프로그램7이 방영된 적이 있었다. 레벨 중에서도 최상위 0.1%에 속한 학생들은 무엇이 다른지 그 차이점을 찾는 방송이었는데, 이 프로젝트에 참여한 인지심리학자 김경일 교수가 한 강연 프로그램8에 나와 이런 이야기를 했다. 그 0.1%에 속한 아이들은 공부만 잘하는 것이 아니라 성품 역시 착하기 그지없다고. 누가 궁금한 것을 물으러 와도 귀찮아 하지 않으며 성심껏 친절하게 설명을 해 준다는 것. 즉, 이타적인 태도를 가지고 있다는 것이다. 주는 것이 받는 것보다 복되다는 이야기가 여기에도 적용된다. 주는 것에 인색한 자는 절대로 행복할 수가 없다. 자기 혼자 잘났다는 만족감으로 살아갈지는 모르겠다.

나는 강의를 나갈 때 강의 주제가 정해지면 적어도 세 번은 청중이 있다고 가정하고 연습을 한다. 물론 처음보다는 두 번째가 낫고, 두 번째보다는 세 번째가 낫다. 이렇게 말로 가르치는 연습을 하면 새로운 아이디어들이 밀려온다. 경험상 세 번 정도 연습을 하면, 내용을 다 외우게 돼 강의 도중에 버벅거리는 실수도 하지 않게 된다. 이때 유머는 필수다. 감사하게도 신은 나에게 유머 감각을 주셨다. '두 시간을 강의해도 10분처럼 느끼게 하라.'라는 생각으로 준비하면 굉장한 시너지가 나온다.

세상을 놀라게 하는 아이디어는 남에게 설명할 때 튀어나오는 경우가 많다. 김경일 교수는 디지털카메라 발명의 뒷이야기를 그 강연에서 소개한다. 발명가는 필름 회사의 직원이었는데 어느 날 한 아이가 그에게 이런 질문을 했다고 한다. "필름이 뭐예요?" 그때 그는 전문가에게 하듯, "필름이란 셀룰로이드나 폴리에스터 감광제를 칠한 막에 이미지를 담아 노출시킨 것."이라고 하지 않고 이렇게 말했다.

"필름이란, '세상의 이미지를 담는 그릇'이란다."

이 발상은 급기야 카세트테이프와 비디오테이프의 원리로 확장되었고, '사진을 담는 그릇'과 '영상을 담는 그릇'인 디지털카메라와 캠코더를 발명하는 계기가 되었다.

약육강식이나 적자생존은 인간이 잘못 만들어 낸 개념
이다. 부모와의 애착 관계, 타인에 대한 공감, 친구와의 우
정, 선생님에 대한 신뢰와 존경, 이러한 것은 모두 자녀가
공부를 잘하는 데 필수가 되는 요소이다.

자녀를 경쟁에서 이기게 하는 것이 목표인가? 그렇다면
인생의 큰 것을 잃을 수 있다. 마치 돈은 벌었지만 건강을
잃듯, 원하는 대학은 갔지만 사람을 사랑할 줄을 모르는
인재가 될 수 있는 것이다.

우리의 자녀가 자신의 것보다 늘 남의 몫을 챙겨 주는
사람이 되게 하자. 타인을 먼저 생각하는 마음은 절대 손
해로 이어지지 않는다. 그것이 잘되는 인생의 지름길이다.

Key Point.

친구를 성공시키자는 마음으로 공부하면 '함께' 성공한다.

사랑愛 사랑을 베푸는 인재

타인을 배려하고 공감하며 사랑하는 마음

5장

잘되는 아이 뒤에는 이런 부모가 있다

감사가 몸에 배어 있다

성공한 자녀를 둔 부모들에게 자주 하는 질문이 있다.

"자녀를 어떻게 지도하셨어요?"

나의 부모는 어떠셨나? 우리 부모님은 "해라, 하지 마라." 라는 말보다 직접 '보여 주는' 분들이셨다.

아버지는 "성실이란 이런 거야." 하며 보여 주셨고, 어머니는 "감사하게 생활하는 것은 바로 이런 거야." 하는 삶을 보여 주셨다. 그래서 공부에 대한 압박보다는 공부가 재미있어서 즐기면서 했던 것 같다. 지금도 돈과 건강, 시간만

허락된다면 박사학위를 한 세 개쯤은 더 따고 싶을 정도이다. 학위 수집을 취미로 삼으며 사는 게 바로 내 소원이다.

자녀는 부모의 뒷모습을 보고 성장한다는 말이 있다. 백 마디 말보다 한 번의 행동이 더 큰 가르침이 된다고 하지 않는가. 자녀는 의식적으로든 무의식적으로든 부모를 닮게 되어 있다. 부모의 인격에 공감하여 자녀도 따르게 되는 공명, 아름답지 않은가? 내 어머니가 보여 주신 교육 중의 으뜸은 바로 '감사'이다. 어머니는 "감사하다."라는 말을 늘 입에 달고 사셨다. 뭐가 그리 감사할 게 많은지. 나는 중년의 나이가 되어서야 어머니가 가르치신 그 감사의 의미를, 감사가 무엇인지를 깨닫게 되었다.

어느 겨울, 연로하신 어머니가 뇌출혈로 쓰러지셨고, 몇 차례 수술을 거듭하셨다. 처음에는 갑작스러운 상황에 대한 놀람과 두려움이 보였으나 이내 어머니의 표정은 좋아지시기 시작했다. 그러던 어느 날, 교회 목사님께서 위로차 병실을 방문하셨다. 기도가 끝나자 어머니는 침대 서랍을 열어 봉투를 꺼내시며 목사님께 "감사헌금이니 대신 헌금을 드려 달라."라고 부탁하셨다. '아니 이런 상황에서 웬 감사?' 처음에는 어머니의 행동이 이해가 되지 않았다. 하지만 시간이 지나면서 깨달았다. 어려운 상황과 환경 속에서

하는 감사가 '진짜 감사'라는 것을.

불평이나 불만이 먼저 나올 것 같은 상황에서도 어머니는 원망보다 감사를 택하셨다. 어머니로부터 배운 인생의 귀한 가르침 중에는 '기쁨'도 있다.

"하진아, 기쁨은 선택하는 것란다. 아무리 어려운 환경이라도 감사를 하면 감사가 더욱 풍성해지는 법이지."

어머니로부터 받은 이 가르침은 내 영혼의 보석이 되었다. 나는 학부모들에게 감사하는 가정이 되기를 강조한다. 감사를 생활화하고 있는 어느 가정의 자녀가 쓴 일기를 소개하겠다.

"우리 가족은 '감사 나눔'을 실천하고 있다. 방문 옆 벽에는 감사 제목들을 적어 놓은 메모지가 가득하다. 감사 나눔이 내 삶에 가져온 가장 큰 변화는 하루 종일 감사를 생각하게 되었다는 것이다. 잠들기 전 매일 감사 나눔을 하기 때문에 학교에서나 집에서나 항상 무엇을 감사할지를 먼저 생각하고, 고민거리가 있거나 화가 날 때도 어떻게 하면 이것을 감사로 바꿀 수 있을지를 생각하게 되었다.

또 다른 변화는, 가족과 대화를 하는 시간이 생겼다는 것이다. 평소에는 집에서 각자 자기 할 일을 하기 때문에, 가족끼리 모여 수다를 떨거나 깊은 대화를 할 시간이 별로 없었는데, 감사 나눔을 시작하고 나서는 각자의 일상을 공유하며 관계 또한 더욱 끈끈해졌다. 힘든 일이 있으면 서로 고민하고 위로해 주니 이 또한 너무 감사한 일이었다."

우리의 자녀들은 왜 태어났는가? 성공하기 위해? 맞는 말이다. 부자가 되기 위해? 맞을 수도 있다. 권력을 쥐기 위해? 글쎄다. 나는 감히 말할 수 있다.

"우리는 감사하기 위해 태어났다. Born to be thankful."

어려운 상황 가운데서 감사를 하면 환경이 달라 보인다. 환경을 새롭게 보는 눈이 생기는 것이다. 절망할 때, 희망을 포기하려 할 때, 일어설 수 있는 용기를 얻는다. 성적이 떨어져 좌절하고 실망할 때는 다시 도전하는 회복력이 생긴다. 인생 성공의 제1의 기준은, 당신의 자녀가 '감사할 줄 아느냐, 모르느냐.' 여기에 달려 있다. 자녀 교육에 성공했는가? 감사할 줄 아는 자녀라면 당신은 자녀 교육에 성공한 것이다.

내 아이가 잘되는 기도

자녀를 키울 때 우리가 간과하는 것이 있다. 바로 '도덕성'이다. 도덕성과 학교 성적이 무슨 관계냐고 할 수도 있겠지만 그렇지 않다. 도덕성이 좋은 아이는 학교생활과 학업에서도 좋은 결과를 보여 준다. 도덕성이 좋은 아이들은 몇가지 특성을 가지고 있다.

첫째, 그들은 정직하다. 커닝과 같은 부정행위를 하지 않는다. 시간이 걸려도 끙끙거리며 과제를 해결하려고 한다. 잔꾀를 부리지 않는다. 여기에 차이가 있는 것이다. 정직한 아이와 잔꾀를 부리는 아이 중에 누가 더 집중력이 높을까?

예전에 한 TV 프로그램[1]에서 자녀의 도덕성과 학업성취도에 대한 실험을 한 적이 있다. 먼저 문항 검사를 통해 도덕 지수를 측정하고 아이들에게 간단한 게임들을 실행했다. 심판이 없는 상태에서 하는 자발적 게임이었다. 예를 들면, 손수건으로 눈을 가리고 어떤 미션을 수행하는 것이다. 결과는 어땠을까? 도덕 지수가 높은 그룹은 규칙을 지키며 반칙에 대한 충동을 이겨 나갔다. 그러나 도덕 지수가 낮은 그룹은 사소한 반칙을 대수롭지 않게 여기며 잔꾀를 부려 점수를 얻으려 했다.

실험 결과, 도덕성이 높은 아이들은 정직성과 집중력, 자제력과 사회성, 자아 효능감, 좌절 극복 능력, 공감력 등에서 월등한 차이를 보이는 것으로 나타났다. 도덕성이 높으면 삶의 만족도와 행복도 함께 올라가는 것이다.

도덕성은 가정에서 길러지기 때문에 무엇보다 부모의 가치관이 중요하다. 품격 있는 가문은 자녀의 가치관 교육을 최우선으로 삼는다.

둘째, 그들은 '마음의 온도'가 높다.

"아직도 후회됩니다. 언제 다시 볼지도 모르는데, 안아

드리지 못한 것이 말입니다. 그리고 아직도 기억이 납니다. 다리가 없는 불편한 몸으로 다가오셔서는 온전치 못한 손으로 제 손을 꼭 잡고, '행복하거라.'라고 하신 할아버지의 말씀이. 처음에는 저와 다른 손을 보고 조금 놀랐지만 세월의 흔적이 묻어 있는 그 손은 누군가를 위로해 주기에 충분했습니다. 저는 열 개의 손가락이 다 있지만 다른 사람의 손을 먼저 잡아 준 적도 없고, 멀쩡한 두 다리가 있어도 도움이 필요한 사람에게 먼저 다가가지 못했습니다. 할아버지의 손과 그 온기를 떠올리면 지금의 제 모습이 참 부끄러워집니다."

한 학생이 양로원 봉사를 다녀와서 쓴 감상문의 일부이다. 마음의 온도를 높이려면 어떻게 해야 할까? 바로, '나눔의 기쁨'을 경험해야 한다. 무엇이든 이웃과 나눌 때 삶의 만족도가 높아지고 친구 관계 또한 좋아진다. 주려고 갔다가 더 많이 얻어 오는 경험도 할 수 있다.

셋째, 그들은 주변 사람들의 신뢰를 얻는다. 도덕성이 높은 아이는 정직할 뿐만 아니라 공감 능력도 좋다. 공감 능력이 높으니 사회성이 좋아지는 것이고, 말과 행동에 신뢰를 얻으니 자연스럽게 리더십도 생기는 것이다. 이것이 '서번트 리더십Servant leadership'2이다. 본인은 리더가 되고 싶은 마음이 없는데도 주변에서 리더가 되어 달라고 한다.

자녀가 성공하기를 바라는가? 그렇다면 도덕지능과 정서지능으로 공부의 시너지를 내게 하라.

유태인의 '아기 목욕 기도문'이라는 게 있다. 신앙적인 배경에서 나온 것이지만 우리에게 시사하는 바가 크다. 그들은 자녀의 얼굴과 입, 손, 발을 차례대로 씻어 주며 이렇게 기도한다.

"우리 아이가 소망을 품고 살아가는 얼굴이 되고, 축복의 말을 하는 입이 되며, 선을 도모하는 손이 되고, 부지런한 발을 통해 민족이 더욱 풍성한 삶을 살게 하는 발이 되게 해 주세요."

그들은 아이가 공부를 잘해서 출세해 가문의 영광을 높이는 인재가 되게 해 달라고 기도하지 않는다. 자녀가 우등생이 되기보다 '선한 마음'을 가진 사람이 되기를 바라는 것이다.

아이의 도덕성을 높여 주고 그 아이가 선한 마음을 가질
수 있게 기도하라. 그러면 당신의 자녀에게 '행복'과 '성공',
두 마리 토끼의 선물이 주어질 것이다.

Key Point.

내 아이를 위한 평생 기도 제목
· 정직한 사람이 되게 해 주세요.
· 마음이 따뜻한 사람이 되게 해 주세요.
· 신뢰를 얻는 사람이 되게 해 주세요.

잘되는 아이를 둔 부모들의 공통점

공부력이 높은 자녀를 둔 부모는 뭐가 다를까? 몇 가지 공통점을 발견했다.

첫째, 공부 습관보다 '바른 생활 습관'을 더 중요하게 생각한다. 세끼 밥 챙겨 먹기, 청소하기, 계획성 있게 시간 쓰기, 용돈 관리하기, 감사의 마음 표현하기 등 습관 교육에 굉장한 노력을 기울인다. 사소한 일 같지만 큰 책임이 따르는 것들이다. 잘되는 아이들은 대부분 이런 습관이 몸에 배어 있기에 부모가, "놀지 말고 공부해라." "방 청소해라." "용돈 좀 아껴 써라."와 같은 잔소리를 할 일이 없다. 이르면 이를수록 좋다. 생활 습관은 조기교육을 시켜야 한다.

작은 일에 성실하지 않으면 큰일에도 성실하지 않은 법이다. 자녀의 생활 습관을 점검해 보길 바란다.

좋은 습관을 가졌다는 것은 어떤 일이든 스스로 하는 힘이 강하다는 뜻이기도 하다. 다음은 칭화대학에 입학한 한 청년의 글이다.

"제가 대학에 와서 크게 깨달은 것 중에 하나는 바로 '공부 습관이 중요하다.'라는 것입니다. 머리가 좋은 친구보다 습관이 잘 잡혀 있는 학생들이 공부를 훨씬 더 잘합니다. 저 역시 미디어를 멀리한 환경이 무언가를 오래 집중할 수 있는 습관을 만들어 줬고, 성실하게 숙제를 하고 정직하게 시험을 보는 등 좋은 공부 습관으로 생활하다 보니 자연스럽게 장학금을 받으며 학교를 다닐 수 있었습니다."

공부력이 높은 아이를 둔 부모가 중요하게 생각하는 것 두 번째는, '스스로 자신의 힘을 키울 수 있도록 강하게' 키운다는 것이다.

부모의 역할이란 무엇인가? 자녀를 실패로부터 보호하는 것이 아니라 실패를 두려워하지 않도록 용기를 심어 주는 것이다. 평온한 바다에서는 유능한 뱃사공이 나올 수 없듯, 도전하지 않는 학생에게 성장을 기대할 수 없다. 부모의 역할은 자녀에게 도전할 환경을 제공해 주는 것이지, 실패할까 걱정해서 감싸는 것이 아니다. .

용기와 도전은 성장이다. 그렇다면 실패는? '성숙'이다. 실패를 통해 내면이 더욱 단단해지며 앞으로 나아갈 수 있는 힘을 주니 말이다. 그러니 성공과 실패가 다 유익하다는 것을 아는 자녀에게는 공부하라고 잔소리를 할 필요가 없는 것이다. 과정을 통해 스스로를 성장시키고 내면을 단단히 할 준비가 돼 있는 자녀는 이미 '강한 사람'이다.

Key Point.

- 공부 습관보다 '생활 습관'을 먼저 기르게 하자.
⇨ 기본에 충실한 사람이 훌륭한 인재가 된다.

- 스스로 힘을 키워 '강한 사람'이 되게 하자.
⇨ 성공과 실패는 중요하지 않다. 무엇을 배웠는지가 중요하다.

6장

잘되는 아이 옆에는 이런 교사가 있다

만나기 전에 아이의 신상 파악 끝

여행을 하다 보면 '학생들이 행복해하는 학교'를 종종 볼 수 있다. 이런 학교에는 한 가지 공통점이 있는데 그것은 졸업생이 학교를 다시 찾아온다는 것이다. 이유가 뭘까? 그들은 이렇게 말한다.

"학교는 가정과 같은 곳이니까."
"받은 사랑과 교육을 후배들에게 돌려주고 싶어서."

이쯤 되면 궁금해진다. 도대체 왜, 어떤 학교이기에 졸업생들이 이런 말을 하는지. 알고 보니 이런 특징이 있었다.

바로, 선생님들이 모든 학생들의 이름을 다 외운다는 것이다. 이름뿐 아니라 병력이나 알레르기와 같은 세부 사항까지 학생 대한 모든 것을 파악해 교육에 참고한다. 정말 중요한 지점이다.

부모가 자녀를 부를 때 "야!"라고 부르는가? (물론 화낼 때는 제외하고) 선생님도 마찬가지이다. 선생님이 학생을 부를 때 "어이!" "야!" "거기 학생!"이라고 부른다면 둘 사이는 결코 인격적인 관계를 맺었다고 볼 수 없다. "다영아." "병철아." 부드러운 목소리로 이름을 부르면, 이미 친밀한 관계라는 표징이다. 부르는 사람의 목소리나 표정에서도 온화함이 도는 것 느낄 수 있을 것이다. 다음은 만방학교의 한 학생이 가정으로 보낸 편지글의 일부이다.

오늘은 제가 경험하고 있는 우리 학교만의 특색을 몇 가지 정리해 볼까 해요. 생각해 보니 엄청 많아요.
1. 선후배가 없다. 언니, 형들이 동생들을 먼저 챙기며 절대 선후배를 가르지 않는다.
2. 스마트폰이 없고 외모를 치장하는 학생들이 없다. 대신 밝은 웃음과 순수한 아름다움이 있다.
3. 차별하지 않는다. 선생님이 학생들을 차별하지 않

음은 물론, 성적과 인기 등 무엇에서든 차별이 없다.

4. 실패가 없다. 성적이 떨어져도 관계가 안 좋아도, 그 것은 실패가 아닌 배움의 과정일 뿐이다.

5. 우리를 사랑하는 선생님들이 아주 많이 계신다. 몸이 아프거나 속상한 일이 있으면 먼저 달려와 도와주신다. 특히 교장선생님이 정말 가깝게 느껴진다.

교장선생님은 누구인가? 제일 높은 사람? 맞는 얘기다. 하지만 이 대답은 학교를 하나의 행정기관으로 보았을 때 이야기이다. 대게 일반 학교에서 교장을 만날 수 있는 학생은 둘뿐이다. 하나는 학교의 명예를 드높인 학생, 또 하나는 퇴학 위기에 있는 학생이다. 이래야 되겠는가? 만약 학교를 가정이라고 한다면 교장은 누구여야 하는가? 엄마, 아빠 혹은 대가족일 경우 할머니, 할아버지일 것이다. 그런데 우리 자녀가 부모를 만나는 게 그리 어려운 일인가? 학교를 교육행정의 장이라고 생각하니까 가까이하기엔 너무 먼 교장선생님이 되는 것이다. 학생들과 가까이할 수 있는 교장선생님이 있어야 한다. 학생의 이름을 부르며 음료를 건네고, 담소를 나눌 수 있는 그런 선생님 말이다. 행정실을 경유해서 서류에 서명을 하거나 외부 손님만을 맞이

하는 사무실이 아니라, 학생들과 함께하는 카페와 같은 곳. 그래서 쉬는 시간마다 학생들이 찾아와 교장선생님과 대화를 할 수 있는 곳. 그렇게 바뀐다면 아이들의 표정이, 학교의 분위기가 바뀔 것이다.

한국의 교장선생님들께 한 가지 제안을 드린다. 교장실을 학생들에게 개방해 보라. 쉬는 시간만이라도 좋다. 선생님과 학생들이 드나들며 자유롭게 간식을 나눠 먹고 격의 없는 대화를 나누면 얼마나 좋겠는가. 냉장고에 우유와 주스 등을 가득 채워 놓으면 손님 맞이할 준비가 끝난다. '교장실'이라는 팻말도 아예 '위즈덤 카페'로 고치는 건 어떨까? 학생들은 교장선생님과의 대화시간을 아마 평생 잊지 못할 것이다.

Key Point.

학교는 가정과 같은 곳이 되어야 한다.

뒤통수에 매직 아이가 있는 교사

"쟤는 다리를 꼬고 앉는구나."

"얘는 너무 편식을 하는데?"

이런 말을 하면 아이들이 뭐라고 하는가?

'내가 앉고 싶은 대로 앉고, 먹고 싶은 대로 먹겠다는데 웬 참견?'

아마 이런 반응일 것이다. 하지만 천만의 말씀이다. 앉는 자세, 걷는 자세, 말하는 태도와 먹는 습관 등은 자녀의 인생을 결정짓는 매우 중요한 요소이다. 그래서 걷는 자세를 점검하고, 평소의 언어습관과 식습관을 분석하면 그 아이의 공부를 어떻게 지도할지가 나온다. 왜냐하면 공부는 단편적인 활동이 아닌 전인격적인 학습이기 때문이다. 혹시 '24/360 케어링'이라고 들어 보았는가? 24시간 360도로 학생을 돌본다는 만방학교의 시스템이다. 병원에 가면 MRI로 전신을 360도 스캐닝하며 병의 유무를 체크한다. 하지만 한 인격체는 360도만 가지고는 부족하다. 24시간이 필요하다. 3차원에, 시간의 차원까지 더해 4차원 케어링을 해

상담 내용	학생: ○○○
월말고사 이후 학업에 대해 상담을 했습니다. 점수는 높지 않지만 진보가 크다고 칭찬해 주었습니다. 점수만 가지고 진보라고 한 것이 아니라 수업 태도나 참여도 등을 고려해 종합적으로 평가한 것이라고 이야기해 주었습니다.	
벽에 낙서 지우기, 게시물을 뗀 테이프 자국을 칼로 없앴습니다. 페인트 가루를 날려 가며 수고를 한 것이 기특해 칭찬을 해 주었습니다.	
방학 때 맹장 수술을 했으며, 현재 처방약을 복용 중입니다.	
약간의 경련으로 인한 복통이 남아 있어 동네 병원에서 링거를 맞았고, 호전이 됐습니다. 병원에 다녀온 뒤에도 누워 있으면 통증이 느껴지고 구토를 할 것 같다고 해 손을 따 주었습니다.	
중간고사 이후 공부에 집중하기 시작했습니다. 별첨의 성적 그래프를 참고하시기 바랍니다.	
점수를 유지하는 것이 중요한 상황입니다. 유지를 위해서는 자기만의 공부법을 찾고, 계획을 세우는 습관도 필요합니다.	

24/360 케어링 기록의 예

※ 한 학생에 대해 여러 선생님들이 상담과 관찰을 통해 기록한 것임.

야 하는 것이다. 그래서 고안한 것이 바로 24/360 케어링이다. 먼저 360도 차원에서는 담임선생님과 과목별 선생님, 동아리 구성원과 부모님이 입체적으로 학생을 관찰한다. 시간의 차원 역시 한 사람으로는 불가능하지만 시간별로 이어지는 선생님들이 있다. 상담을 통한 심리 상태와 수업 중 집중 관찰을 통한 학습 태도 등 한 학생에 대한 모든 자료를 데이터 시스템에 등록하면 모든 선생님들이 그 자료를 열람할 수 있다. 21세기는 데이터 시대이다. 선생님들은 서로 끊임없이 대화하며 학생을 어떻게 도울지를 고민해야 한다.

내가 좋아하는 말이 있다.

"직업으로 일하면 월급을 받고, 사명으로 일하면 선물을 받는다."

선생님은 특히 사명 의식이 있어야 한다고 생각한다. 사명감 없이 일하는 교사는 학생의 성적만을 가지고 상담한다. 학교에서 절대 하지 말아야 할 것이 바로 아이들을 성적으로 차별하는 것이다. 등수와 성적을 놓고 상담을 하며 다음에는 더 높은 성적을 내 보자는 결론은 안 하느니만 못하다. 개인의 인격을 무시한 기계적 상담은 결국 학생을 '공부하는 로봇'으로 전락시키는 것이다. 점수로 동기부여를 하는 것은 낮은 차원의 방법이다.

우리 학교 역시 성적을 보지만 성적만을 놓고 아이들과 이야기하지 않는다. 학생들 스스로가 공부하는 환경과 정서를 돌아보게 함으로써 앞으로 어떻게 공부해야겠다는 결심이 서도록 돕는다. 성적을 높이는 것에 중점을 두기 보다는 '공부력'을 높이는 상담에 주안점을 두는 것이다. 공부력에 대한 상담은 아이의 마음과 생활 습관까지 다루어야 하는 고차원의 상담이다.

당신의 자녀가 잘되려면 먼저 좋은 선생님을 만나야 한다. 그런데 선생님이 어리다고 하대를 하거나 예의를 갖추지 않는다면 매우 어리석은 행동이다. 예전에 이런 일이 있었다.

어느 신입생의 학부모가 자녀의 담임선생님을 만났는데, 그 학부모는 60세를 훌쩍 넘기신 분이었고, 선생님은 30대 초반이었다. 나이로만 보면 누가 더 상대를 어려워하겠는가. 당연히 30대 초반의 선생님일 것이다. 그러나 그 학부모는 젊은 선생님에게 90도로 깍듯이 인사를 하며 "선생님의 지도에 잘 따르겠습니다."라는 말을 남겼다.

선생님은 나이와 상관없이 학부모에게 존경받아야 할 대상이다. 부모는 먼저 이러한 태도를 갖추고 있어야 자녀의 360도 케어링이 가능해진다.

자녀가 원하는 대로 다 맞춰 주는 것이 사랑이 아니다. 때로는 칭찬을, 훈계를, 격려와 위로를 해 주며 마음의 자세를 잡아 주어야 하고, 훈련을 통한 능력 계발이 이루어지도록 고삐를 조여 줄 필요도 있다. '한 아이를 기르는 데 한 마을이 필요하다.'라는 말이 있듯, 한 명의 학생을 교육시키는 데는 '공동체의 눈'이 필요하다. 그 눈을 우리는 '매직 아이Magic eyes'라 부른다.

매직 아이가 있는 공동체, 사명 의식으로 일하는 선생님. 당신의 자녀가 바로 이러한 환경에서 '행복한 공부'를 하길 바란다.

Key Point.

사명감으로 일하는 교사, 아이의 마음과 생활 습관까지 살피는 교사를 만나야 한다.

왕따 없는 교실, 왕 따뜻한 선생님

"지난 토요일에 친구들과 함께 선생님 댁에 방문했어요. 이걸 '파자마 나이트'라고 해요. 저녁으로 멕시코 음식을 먹고, 설거지 내기로 윷놀이를 했는데, 아쉽게도 우리 팀이 졌지 뭐예요. 설거지가 끝난 뒤에는 모두가 빙 둘러앉아 서로의 장점을 이야기해 주는 시간을 가졌어요. 친구들이 나를 칭찬해 주고, 나도 친구들을 칭찬해 주고. 정말 행복했어요. 난생처음 보는 선생님의 잠옷 패션에 빵 터지고, 엄마처럼 요리를 해 주시는 모습을 보며 그동안 우리가 몰랐던 선생님의 새로운 면을 발견하기도 했답니다."

혹시 독자 중 선생님이 있다면, 반 아이들을 집으로 초대해 보았는지 물어보고 싶다. 아이들을 초대해 보라. 1년에 두 번만 아이들을 초대해 저녁 식사만 같이해도 편가르기나 왕따는 없어질 수 있을 것이다.

'왕따 없는' 교실을 만드는 비결은 무엇일까? 우선 '왕 따뜻한' 선생님이 있어야 한다. 리더가 따뜻하면 그 기운이 아래로 흐른다.

대학교수 시절, 나는 주말마다 학생들을 집으로 초대했다. 학생들이 좋아할 만한 음식으로 한 상 가득 차려 놓으면 식욕이 왕성한 학생들은 음식을 보자마자 게 눈 감추듯 해치워 버렸다. 거의 10년을 그렇게 했다. 이 10년을 함께한 제자들이 바로, 만방학교 설립에 참여한 원년 멤버들이다. 학교 설립 후에도 나는 학교에서 '파자마 나이트' 혹은 '목장 외박'이란 이름으로 선생님이 학생들을 집으로 초대하는 시스템을 만들었다. 여기서 '목장'은 열 명에서 열다섯 명이 모인 '소그룹'을 말한다. '글로벌 비전'을 갖게 하기 위해 목장명에 국가 이름을 붙였다.

나도 이 학생들을 집으로 초대한 적이 있다. 이름이 파자마 나이트이기 때문에 파자마를 입고 학생들을 맞이했는데 아이들은 내가 꼭 '아빠' 같다며 신기하고 재미있어했다. 얼마나 기쁘고 감사했는지 모른다. 집에서 보는 학생들은 교실에서 보는 학생들과 또 다른 느낌이다. 그렇다고 매주 집으로 초대할 수는 없으니 학교에서 모이는 것을 추진했다.

이렇게 학생에 대한 관심과 사랑이 있는 따뜻한 선생님은 학생들에게 어떤 영향을 미칠까?

먼저, 왜 공부를 해야 하는지, 동기가 바뀐다. 친구란, 비교하고 경쟁하기 위한 대상이 아니라는 개념이 사라지니 왕따가 없어지는 것은 지극히 당연한 것이다. 이것을 깨달은 한 아이가 엄마에게 이런 말을 했다.

"엄마가 저를 얼마나 아끼고 사랑하시는지는 저도 잘 알아요. 하지만 부담을 가졌던 것 같아요. 그래서 이 학교에 처음 왔을 때도 내가 몇 등인지, 내가 누구보다 더 공부를 잘하는지 주변을 살폈어요. 높은 점수를 받아도 '이건 엄마, 아빠가 좋아하는 점수겠지?'라는 생각이 드니 행복하지 않았죠. 이제 그 비교 의식을 버리기로 했습니다. 누구보다 '나'를 먼저 사랑하고, 친구가 아닌 '나'와 경쟁을 하기로 마음먹었어요."

경쟁 상대를 친구가 아닌 '나'로 삼는다고 해서, 이 아이가 공부를 게을리하겠는가? 자녀를 너무 걱정하는 것도 병일지 모른다. 부담을 주면 주눅만 드는 것이다. 그러나 그 부담을 덜어 주면 날로 성장하는 모습을 나는 눈으로 확인했다.

따뜻한 선생님이 주는 또 다른 영향력은, 바로 따뜻한 제자를 낳는다는 것이다.

스스로도 이기적인 사람이라 말하는 학생이 있었다. 자신을 늘 최고로 여기며 최소한의 노력만 하는 자기중심의 사람이었다. 처음에는 꽤 만족스러운 삶을 살았지만 시간이 지날수록 '왜 난 친구들과 잘 지내지 못하는 거지?' 하며 본인에게 관계의 문제가 있음을 깨달았다. 그는 도움을 요청했다. 그리고 선생님의 도움으로 감정의 문제와 태도, 식습관과 대인관계 문제까지 해결하며 이전과 다른 학교생활을 하게 되었다.

인생에서 좋은 선생님을 만나는 것은 큰 축복이다. 생각해 보라. 우리도 공부를 잘 가르친 선생님보다 나를 사랑해 준, 따뜻한 선생님이 기억에 남지 않는가?

나는 고3 때 담임선생님을 잊을 수가 없다. 그분이 내게 하신 말씀 중에 "이기적인 사람이 되어서는 안 된다."라는 말을 지금도 기억한다.

아이들을 편애 없이 사랑하는 교사, 그래서 '왕따'가 없는 교실. 우리의 자녀가 만나는 선생님이 이렇게 '왕 따뜻한 선생님'이길, 그러한 복이 있기를 진심으로 기도한다.

Key Point.

'따뜻한 선생님'을 만나야 한다. 리더가 따뜻하면 그 기운이 아래로 흐른다.

행복한 교실을 만드는 법

행복한 학교, 행복한 교실을 만들려면 어떻게 해야 할까? 나는 아래의 세 가지 문장이 답이라고 생각한다.

"학교를 넘어 가족으로." More than a school, we are a family!
"교사를 넘어 목자로." More than a teacher, you are a shepherd.
"학생을 넘어 제자로." More than a student, you are a disciple.

만방학교에서 이 세 문장은 단순한 구호가 아니다. 선생님의 가슴에 살아 움직이는 핵심 가치이다. 그에 따른 실천은 훨씬 더 구체적으로 매일의 삶이 되어야 한다. 행복한 학교를 만들기 위한 만방학교의 실천 사항 중 몇 가지를 소개한다.

1. 욕설과 비속어, 편가르기와 뒷담화를 하지 않는다. 이는 공동체를 부정적으로 만드는 악독한 것이다.

2. 학생들 간의 존댓말이 없다. 가정에서의 형제자매와 같은 관계를 맺는다. 언니나 형들의 섬김을 따라 배우는 동생들이 된다.

3. 선생님이 학생을 부를 때는 반드시 이름을 부른다. 친근감은 마음의 안정을 준다.

4. 스마트폰, MP3 등은 학교에서 사용하지 않는다. 대화는 얼굴을 보며 해야 서로 더 친밀해진다.

5. 멘토링 프로그램 등을 만들어 동생들에게 학교생활과 공부법을 전수해 준다. 공부해서 남 주는 것을 실천한다.

6. 일주일에 한 번은 부모님께 편지를 쓴다. 부모와 자녀가 서로 어떤 생각을 하고 있는지 편지를 소통의 도구로 활용한다.

7. 밥보다 중요한 것이 '감사'이다. 감사가 충만하면 삶의 태도부터가 달라진다.

8. 학급에서는 서로 학습을 돕고 목장에서는 서로 생

활을 도와 학교가 '가정'과 같은 곳이 되도록 만든다. 모든 선생님은 담임과 목자를 겸하며 학생들과 삶을 나눈다.

인간에게는 '미러 뉴런Mirror neuron'[1]이라는 게 있다. 한자로 표현하면 '근주자적', '근묵자흑'이다. 소리가 조화로우면 울림이 맑고, 형태가 곧으면 그림자 역시 곧다고 하지 않는가? 윗물이 맑으면 아랫물도 맑은 법이다. 따라서 좋은 선생님 밑에는 좋은 학생이 나올 수밖에 없다.

Key Point.

행복한 학교의 특징
· 욕설과 비속어, 편가르기와 뒷담화를 하지 않는다.
· 선생님이 학생을 부를 때는 반드시 이름을 부른다.
· 감사를 생활화한다.

'드림팀'이 이끄는 진학지도

"만방학교는 명문 대학 입학률이 상당히 높은 걸로 유명한데, 대체 비결이 뭔가요?"

내게 이런 질문을 하는 사람들이 많다. 사실 답은 비밀이지만 나의 독자들에게만큼은 일부를 소개하겠다.

만방학교 학생들이 명문 대학에 많이 가는 이유 첫 번째는, 세상은 독을 품게 하지만 우리는 '독을 빼게' 하기 때문이다. 이것은 이 악물고 경쟁심을 불태우게 하는 방식과는 정반대인 욕심을 철저히 '내려놓게' 하는 입시 지도이다.

한번은 이런 경우도 있었다. 베이징대학에 지원한 한 학생이 있었고, 열흘 뒤면 시험을 쳐야 하는 상황이었다. 하지만 모의고사를 치는 동안 친구가 자신보다 성적이 잘 나오는 것에 초조함을 감추지 못했고, 그러다 보니 자기 실력보다 못한 점수를 얻곤 했다. 보다 못한 지도 선생님이 욕심 빼기 훈련에 들어갔다. 그리고 감히 상상도 못 할 처방을 내렸다. 밤을 새서 공부를 해도 부족할 판에 자기 성찰을 위한 반성문을 쓰게 한 것이다. 아마 속으로 선생님을 욕했을 것이다. 학생은 난데없는 반성문에 당황을 했는지 펜을 들고 낙서만 할 뿐이었다. 그러다 생각나는 대로 낙서하듯 단어를 쓰기 시작했는데 '미움'이라는 단어가 쓰이더라는 것이다. 순간 라이벌로 삼은 친구를 미워하고 있었다는 사실을 깨달았다. 사과를 하기로 결심했다. 얼굴을 보고 전하기 위해 친구를 찾아갔는데 자리에 없어 방으로 돌아오니 책상 위에 웬 쪽지가 하나 놓여 있었다.

'친구야, 많이 힘들지. 너를 위해 기도한다.'

친구가 남긴 쪽지였다. 그는 주체할 수 없는 눈물을 쏟으며 모든 욕심을 내려놓게 되었다. 쪽지로 전한 친구의 한마디가 그의 비뚤어진 마음을 바로잡아 주었고, 더 이상 '경쟁'이 아닌 '사명'을 목표로 공부를 하게 된 것이다. 마음의 태도가 달라지니 결과도 달라졌다. 시험문제를 다 풀고도 시간이 남는 여유를 맛보게 되었다. 그리고 얼마 뒤 베이징 대학으로부터 입학 허가증을 받았다.

독을 품으면 증오와 이기심을 낳지만 독을 빼면 선의의 경쟁으로 친구를 얻고 비전을 얻으며, 원하는 대학은 덤으로 얻을 수 있다.

만방학교가 명문 대학 입학생을 많이 배출하는 두 번째 이유는, 학생과 대학의 데이터를 종합적으로 분석해 합리적이고 체계적인 진학지도를 하기 때문이다. 무조건 명문 대학에 가도록 종용하지 않는다. 대신에 그 학생에게 가장 적합한 대학과 학과가 어디인지를 본다. 대외적으로는 전 세계를 돌아다니며 '칼리지 페어College fair'2는 물론, 각 대학별 입학사정관과 고교 진학지도 교사들이 모이는 컨퍼런스에도 빠지지 않고 참석한다. 이 컨퍼런스는 전 세계 명문 대학의 입학사정관들과 활발한 교류를 맺을 수 있는 절호의 기회이다. 이러한 자리에 빠짐없이 참석해 정보를 수집하고 네트워크를 확충해 간다. 필요에 따라서는 대학에 직접 방문하기도 한다.

한 학생을 대학에 입학시키기 위해 학교 안에서뿐만 아니라 학교 밖에서도 그 수고를 이어가는 것이다. 그 덕에 실제로 많은 대학들이 본교에 방문하기도 하고, 칼리지 페어를 개최하기도 한다. 최근에는 코로나19로 방문이 어려워 온라인 비대면으로 소통하고 있다.

하버드나 스탠포드, MIT 같은 초일류 대학에 밀려오는 지원서는 해마다 산더미같이 쌓인다. 이들 대학은 SAT³나 GPA⁴가 다 기본적으로 높아야 하지만 이것만으로는 변별력을 갖지 못한다. 따라서 자기소개서에 본인의 콘텐츠를 어떻게 녹여 내느냐가 관건이다.

우리 학생들은 앞에서 소개한 바인더에 6년간의 기록을 남김으로 자신만의 콘텐츠를 만들고 있다. 우리는 그 바인더를 바탕으로 자기소개서를 쓰는 것이다. 한국에서는 이런 것을 입시학원에서 해 주는 것으로 알고 있다. 만만치 않은 비용을 지불하고 말이다. 물론 그렇게 해서 합격하는 학생도 있겠지만 합격률을 높이기는 어렵다. 남이 대신 써 주는 글은 진정한 콘텐츠가 아니다. 그런 글은 금방 들통이 나게 돼 있다. 밥 먹고 하는 일이 자기소개서를 걸러내는 게 일인 사람들에게 이런 글이 어떻게 피력이 되겠는가. 진짜인지 가짜인지는 서두 한두 문장만 읽으면 쉽게 판별

이 된다. 오죽하면 '코리아 디스카운트^{Korea discount}'5라는 말
이 생겼겠는가.

세 번째는 떨어져도 후회가 안 될 정도로 학생들에게 최
선을 다하도록 가르친다는 것이다. 많은 종교인들이 자녀
의 진학을 위해 100일 기도를 하곤 한다. 물론 다 내 자식
을 위해 하는 기도이겠지만 '무엇을 위해?'라는 동기가 빠
져서는 안 된다. 내 자녀가 원하는 대학에 붙으면 누군가
는 떨어져 절망할 것이 아닌가. 내 아이의 합격만 두고 기
도하는 것은 곧 누군가를 떨어지게 해 달라고 기도하는 것
과 다름이 없다. 그러므로 내 자녀가 당락에 관계없이 어떠
한 결과도 감사하게 받아들일 줄 아는 사람이 되기를 기도
해야 한다. 떨어져도 후회가 안 될 정도로 최선을 다하라고
가르쳐야 한다.

'믿음의 승부^{Facing the giants}'6라는 영화가 있다. 어느 고교
미식축구팀에 대한 이야기인데, 배울 것이 많은 영화이니
기회가 될 때 자녀와 함께 감상해 보길 바란다.
영화에는 패배감에 찌든 '브락'이라는 선수와 코치가 등
장하는데, 한번은 코치가 이런 훈련을 시킨다. 바로 몸무게

70kg이 되는 동료를 등에 업고 '바닥을 기어가라는 것'^{Death} $^{crawl'}$**7**이다. 브락은 30yd, 그러니까 30m가 조금 안 되는 거리는 갈 수 있을 거라고 한다. 그러나 코치는 50yd를 가라고 한다. 그리고는 손수건으로 눈을 가린다. 브락은 친구를 업고 열심히 기어가지만 50yd를 가는 것은 여전히 불가능하다고 생각한다. 하지만 코치는 포기하지 말라고 소리치며 끝까지 기어갈 수 있게 인도한다. 결국, 도저히 못 가겠다고 쓰러지자 코치는 브락의 손수건을 벗기며 말한다.

"브락, 네가 지금 몇 야드를 왔는지 알아? 80yd! 엔드 존 ^{End} ^{zone}**8**이라고!"

코치는 학생들에게 승패에 관계없이 최선을 다한다는 것이 무엇인지를 명확히 알려 주었다. 그리고 패배감에 눌려 있던 팀은 한계를 뛰어넘기 시작한다.

이것이 바로, 대학 진학지도에도 적용이 되는 원리이다. 일단 목표를 정하고 눈을 가린 뒤에 최선을 다하다 보면 어느새 목표를 초월할 수 있는 것이다.

의외로 독수리와 같은 학생들이 자신을 참새라고 생각하는 경우가 참 많다. 이것을 뛰어넘어야 한다. 교사는 학생들의 내면에 있는 '거인'을 끄집어내야 한다.

만방학교가 많은 학생들을 세계 명문 대학에 보내는 이유 마지막은, 부모가 학교의 진학지도를 철저히 믿고 따를 수 있도록 안내하기 때문이다. 우리는 '무엇을 먹을까, 무엇을 마실까, 무엇을 입을까' 하는 걱정거리를 자녀에게 대물림해 주지 않기를 부탁한다. 무엇보다 대의를 먼저 구하는 것이 자녀 교육의 원칙이 돼야 한다.

우리의 자녀가 '꿈'을 통해 나의 이기적 욕구를 채우는 것이 아니라, 나를 통해 세상이 변화되는 꿈을 키울 수 있도록 안내해야 한다.

Key Point.

만방학교의 진학지도 Tip
· 학생들에게 독을 '품게' 하는 것이 아니라 독을 '빼게' 만든다.
· 종합적인 데이터를 기반으로 체계적인 진학지도를 한다.
· 학생들에게 떨어져도 후회가 안 될 정도로 최선을 다하라고 가르친다.
· 부모는 학교의 진학지도를 신뢰하며 협력할 수 있도록 안내한다.

플랜Plan 실천 가능한 계획

부모와 자녀가 함께 실천할 수 있는 계획

7장

두뇌를 춤추게 하라

매일 아침밥을 먹는 아이,
아침 해와 같이 미래가 밝다

아침밥을 매일 먹는 아이와 거르는 아이가 있다. 누가 더 공부를 잘할까? 아침밥을 먹는 것과 공부가 어떤 상관이 있냐고 따지는 부모도 있을지 모르겠지만 이 둘의 상관관계는 아주 깊다. 당신의 자녀가 아침밥을 거른다면 아이의 생활 습관과 공부 습관을 점검할 필요가 있다. 혹시 다이어트를 하는 자녀가 있는가? 성장기의 다이어트는 약이 아닌 독이라는 것을 가르쳐라. 다이어트도 실패하고 대학 진학도 실패할 수 있다. 건강한 식습관을 갖는 것이 진짜 다이어트라는 것을 알아야 한다.

한국의 고등학생들을 대상으로 매일 아침밥을 먹는 학생들과 거의 안 먹는 학생들의 수능 성적을 비교했는데, 무려 20점가량이 차이 났다. 아침밥을 포기한다는 것은 원하는 대학을 포기하는 것과 마찬가지라는 의미 아니겠는가.

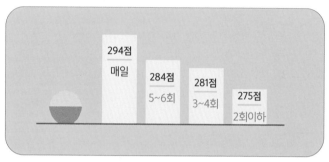

아침 식사와 수능 성적의 관계[1]

한국이 아닌 다른 나라는 어떨까? 서구권 학생들의 자료는 수두룩하니 아랍권의 자료를 보도록 하자. 고등학생을 대상으로 아침밥을 거르는 학생과 매일 먹는 학생의 성적을 조사하니 다음과 같은 결과를 얻었다.

아침 식사를 꾸준히 하는 학생들이 상위권에 포진해 있음을 확연히 알 수 있다. 이런 학생들은 후에 사회에 나가서도 뛰어난 능력을 발휘해 실력을 인정받을 수 있다.

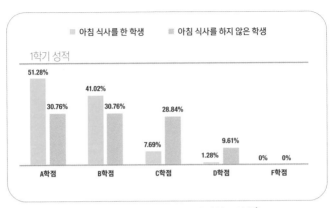

청소년들의 아침 식사가 성적에 미치는 영향*

직장인이 허겁지겁 아침밥도 안 먹고 출근했다고 가정해 보자. 오전 내내 꼬르륵거리는 배를 움켜잡고, 일을 하기는커녕 시계만 보며 점심시간을 기다릴 것이다. 배가 고픈 상태에서 밥을 먹으니 식사 후에 식곤증이 몰려 온다. 잠을 자야 한다. 이런 사람이 일을 어떻게 하겠는가. 해고당하기에 딱이다.

그렇다면 왜 아침 식사가 중요할까? 그 이유를 과학적으로 풀어 보자. 당신의 자녀에게 무조건 아침밥을 먹어야 한다는 말로는 전혀 효과적이지 않다. 그러나 배움의 과정에 있는 학생에게 논리적으로 설명을 해 준다면 훨씬 더 설득력이 있을 것이라 믿는다.

우리의 두뇌는 24시간 쉼 없이 일을 한다. 잠을 자는 동안에도 뇌는 야간작업을 한다. 낮 동안에 공부한 수많은 지식을 물류 창고에 저장하듯 기억 창고에 저장하는 일을 하는 것이다. 그날에 쌓인 두뇌 속의 오물을 청소하기도 한다. 그런데 일을 하려면 에너지가 필요하지 않은가? 우리가 운동을 할 때 주로 쓰는 에너지는 포도당인데, 두뇌에는 애석하게도 음식 창고가 없다. 파이프라인을 연결해 끌어와야 하는데, 그게 바로 '간'이다. 우리가 음식물을 섭취하면 간에서 포도당을 글리코겐의 성분으로 저장하고 있다가 두뇌에 에너지를 공급하는 것이다. 그렇다면 뇌는 24시간 에너지를 쓸 수 있는 상태가 되는 것 아닐까? 안타깝게도 그렇지 않다. 간은 글리코겐을 60g밖에 저장하지 못한다. 우리의 뇌가 밤에도 12시간을 활동할 수 있는 이유는 잠을 자는 동안에도 1시간에 5g씩, 간이 뇌에 에너지를 보내 주기 때문이다. 즉, 12시간 이후에 밥을 먹지 않으면 두뇌에 에너지를 공급할 수 없는 불상사가 생기는 것이다.

당신의 자녀가 전날 저녁 7시에 식사를 했다고 가정해 보자. 중간에 간식을 먹지 않았다고 또 하나의 가정을 하

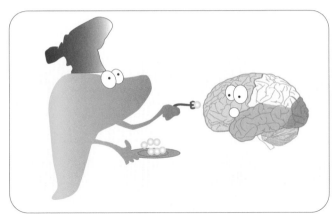

에너지를 두뇌에 공급해 주는 간

자. 그럼 12시간이 지나면 몇 시가 되는가? 다음 날 아침 7시가 된다. 즉, 두뇌에 에너지가 없는 상태가 된다. 아무리 IQ가 아인슈타인급이라 해도 뇌가 배고픔에 허덕이면 골이 '띵'해지고 머리가 돌지 않는다. 어떻게 해야겠는가? 아침밥을 먹어야 한다. 나의 꿈과 미래를 위해서 말이다.

꿈은 있는데, 아침밥을 먹지 않는다? 일장춘몽이 되는 이유다. 개꿈이 되고 만다. 꿈을 이루고 싶다면 온 가족이 한자리에 둘러앉아 아침 식사를 해야 한다.

Key Point.

아침밥은 성적과 직결된다. 두뇌에 충분한 에너지를 공급해 자녀의 공부력을 높여 주자.

잠으로 공부력을 높인다고?

"하루에 몇 시간 자니?"

"밤 10시에 누워 아침 6시쯤에 일어납니다."

"..."

담임선생님은 말을 멈춘 채 나를 지그시 쳐다보셨다.

나의 이야기이다. 고3 시절 친구들은 전투태세로 늘 새벽까지 공부를 하는데 나는 그럴 수가 없었다. 잠이 나를 그냥 내버려 두지를 않았다. 취침 시간이 밤 12시를 넘긴 날은 정신이 멍하고 피곤해 하루 종일 공부에 집중할 수가 없었다.

만방학교는 기숙사 생활을 하기 때문에 잠자리에 드는 시간이 밤 10시로 정해져 있다. 충분한 수면이 정신 건강과 학습활동에 큰 도움이 된다는 신념 때문이다. 앞에서도 언급했듯, 공부 시간을 질질 끌지 말고, 공부력을 높여 다른 활동에도 시간을 쓸 수 있어야 한다. 공부 시간을 줄여 운동과 미술, 음악 활동에 시간을 투자해야 한다.

요즘 한국의 교과목 중에 체육과 음악, 미술 시간이 점점 줄어들고 있다고 하는데, 나는 반대의 입장이다. 오히려 모든 학교가 운동과 예술 활동에 더 많은 시간을 투자해야 한다고 생각한다.

실제로 연구 결과에 의하면 잠을 8시간 정도 자는 학생의 성적이 그렇지 않은 아이보다 더 높은 것으로 나타났다. 그런데 우리의 자녀들은 어떤가. 학교에 다녀와서 학원에 가고, 집으로 돌아와 숙제를 마치면 새벽을 넘기기 일쑤이다. 그러니 학교에서는 잠을 잘 수밖에 없는 것이다.

잠이 부족한 아이는 짜증이 많다. 불안감이 증폭돼 뭔가를 하고 싶은 의욕도 사라진다. 그러니 혼자 있는 시간이 많아지고 우울감이 생기는 것이다. 이것이 늦게 자는 학생들에게서 나타나는 현상이다. 수면 시간이 부족하니 수업 시간, 쉬는 시간 할 것 없이 잠을 청해야 하는 악순환이 반복된다. 정서적으로도 불안정한데 책상에는 앉아 있으니 부모는 내 아이가 공부를 열심히 하는 것으로 착각한다.

잠이 부족하면 식욕 조절 능력도 떨어진다. 식욕을 억제하는 호르몬이 줄고 식욕을 자극하는 호르몬 분비가 늘어 비만이 되는 것이다.

수면 부족의 부작용은 이뿐만이 아니다. 성장호르몬의 분비가 왕성해지는 기회를 놓치게 된다. 성장호르몬은 밤 10시에서 새벽 2시 사이에 가장 많이 분비되는데 이 시간을 놓치면 뼈와 근육의 성장이 더디어진다.

공부하는 학생에게 최악의 결과는 두뇌의 성장을 저해하는 것이다. 충분한 수면을 취해야만 뇌세포가 열심히 두뇌를 청소하고 기능을 강화하며 공부력을 향상시킬 수 있다.

그렇다고 또 마음 놓고 잠을 자라는 말은 아니다. 잠을 너무 많이 자도 안 된다. 평균 수면 시간이 9시간을 넘기면 성적은 다시 뚝 떨어진다. 8시간을 자는 학생의 성적이 좋은 이유는 뇌가 집중력을 발휘할 수 있는 최적의 상태가 되기 때문이다. 피로가 해소되고 기분이 상쾌해져 긴 시간 공부에 집중할 수 있는 것이다. 이러니 보약 중의 보약은 십

전대보탕이 아니라 '잠'이라고 할 수 있지 않겠는가.

수면연구학회에서 발표한 자료는 학생에게 수면이 얼마나 중요한지를 보여 주고 있다.* 같은 시간을 자더라도 수면의 질이 떨어지면 성적도 떨어지고, 수면의 질이 좋으면 성적도 올라가는 것으로 나타났다. 그렇다면 언제 침대에 눕는 것이 좋을까? 밤 10시 이전에 자는 것보다 10시쯤에 자는 것이 성적을 높이는 데 영향을 주었다. 주말에 늦잠을 자는 건 어떨까? 주중과 주말의 취침 시간이 비슷할수록 성적이 좋은 것으로 나타났다.

우리 학교는 개교 후 지금까지 이러한 수면의 원칙을 지키고 있다. 생활관에서는 밤 9시에 점호를 하고, 모두 밤 10시에 취침을 한다. 그리고 아침 6시에 일어나 아침 운동을 시작한다. 간밤의 쾌면을 감사하는 마음으로 운동장에 나와 발바닥을 자극시킴으로 심장 기능을 업그레이드시키고, 동시에 두뇌를 자극시켜 공부에 집중할 수 있는 상태를 만든다. 밤사이에 느슨해진 신체리듬을 깨우고 뇌파를 세타파Theta wave에서 알파파Alph wave로 바꿔 주며 두뇌를 신선한 공기와 함께 각성시켜 준다.

2017년에 노벨 생리학 및 의학상을 탄 세 사람이 있었는데, 이들의 연구 업적은 생체도 시계를 가지고 있다는 사실을 발견한 것이다.* 햇볕을 통해 광합성을 하고 밤이 되면 호흡을 하는 식물처럼, 사람 또한 낮과 밤에 하는 일이 정해져 있다는 사실을 과학적 근거로 명료하게 밝혀 냈다. 밤에는 하루에 쓸 단백질을 축적하고 낮에는 이를 분해해 쓰는 활동을 반복하며 우리 몸은 태양의 주기에 따라 약속된 활동을 한다는 것이다.

그러니 우리의 자녀가 밤늦게까지 공부를 하는 모습을 보며 흐뭇해서는 안 된다. 생체시계를 거스르며 공부하는

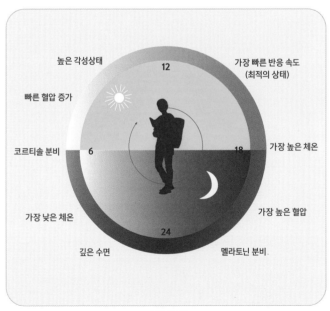

생체시계*

자녀에게, 이제 그만하라고 보채야 한다. "누구는 새벽 3시까지 공부한다는데 너는 잠이 오니?"라고 할 게 아니라, "누구는 10시에 잠들어서 공부력을 높이고 있는데, 너는 잠도 안 자고 뭐 하는 거니?"라고 잔소리해야 하는 것이다.

Key Point.

> 자녀의 생체시계를 거스르지 말자. 잠자는 시간을 줄인다고 성적으로 보상받지 못한다. 뇌만 상할 뿐이다.

장이 좋아야 머리가 좋다?

장이 좋지 않다는 것은 무엇을 의미하는가? 장에 유해균이 가득하다는 것이다. 유해균이 많아지면 어떻게 되는가? 과민성 대장염, 비만 등 육체적 부작용뿐 아니라 정신에도 영향을 미친다. 인내심이 부족해지고 짜증이 심해진다. 매사에 예민해지니 성격도 신경질적으로 변한다. 결국 장이 좋은 사람이 머리도 좋고 공부도 잘하게 되는 것이다.

공부를 잘하려면 먼저 장을 관리하는 습관을 길러야 한다. 유해균이 아닌 '유익균'이 많아지도록 음식을 섭취해야 한다. 그럼 유해균이 많은 음식은 어떤 것들이 있을까?

첫째로, 기름에 튀긴 음식을 빼놓을 수 없다.

'피시&칩스Fish&Chips'라고 들어 보았는가? 호주나 영국에서 맛볼 수 있는 아주 유명한 음식이다. 몇 년 전 호주의 시드니 오페라하우스 옆에 있는 '로얄 보타닉 가든Royal botanical gardens'을 돌아본 적이 있다. 그 공원에 음식점이 있었는데 그곳에서 가장 유명한 메뉴가 바로 '피시&칩스'였다. 정말 호주의 음식 재료는 신의 축복을 받았다고 해도 과언이 아니다. 그 신선함과 풍부함이 부러울 정도다. 그런데 안타까운 것은 그 천혜의 음식을 기름에 튀겨 먹는다는 것이다. 튀긴 음식에는 모두 트랜스지방이 있다고 생각해야 한다. 트랜스지방이란 비닐 봉투와 같이 몇십 년이 가도 썩지 않고 체내에 쌓이는 해로운 물질이다.

샌드위치에 버터 대신 발라 먹는 '마가린'이 있다. 이것은 '식물성 버터'라는 미명 하에 우리의 귀를 가리는 음식이다. 식물성이라니까 몸에 좋은 것으로 착각하는데, 마가린은 트랜스지방 덩어리다. 나폴레옹이 전쟁에 소집된 병사들에게 빵과 버터를 공급해야 하는데 버터가 귀하자 이 마가린을 개발한 것이다.

그렇다면 트랜스지방이 왜 공부하는 학생들에게 해로

운 것일까? 나쁜 콜레스테롤인 LDL 콜레스테롤을 높이는 주범이기도 하지만 두뇌 기능 또한 저하시키기 때문이다. 두뇌에 가장 중요한 물질인 신경전달물질 생성을 저해하는 반동분자 같은 것이 바로 트랜스지방인 것이다. 결과적으로 우리 몸에 트랜스지방이 쌓이면 집중력이 떨어져 산만해지는 원인이 된다. 실제로 ADHD의 아이들이 체내에 트랜스지방산을 상당량 함유하고 있다는 연구 결과도 있다.*

불포화지방이 많은 것으로 알려진 올리브유도 고열에 튀기는 순간 불포화지방이 트랜스지방으로 변한다. 트랜스지방이 든 음식은 냄새도 좋고 보기에도 좋고 맛도 중독성이 있어 우리의 경계를 허물 때가 많다. 하지만 피해야 한다. 쇼트닝이 들어간 음식이나 마가린, 마요네즈, 케이크, 비스킷, 쿠키, 빵, 과자, 라면, 가공 초콜릿, 감자튀김과 같은 음식은 모두 공부의 적이다. 그래도 내 아이가 정말 먹고 싶어 한다면 일주일에 한 번이나 한 달에 한 번 정도를 '나 자신을 용서하는 날'로 만들어 그때만 먹게 해 줘라. 그리고 음식을 먹은 뒤에는 자신을 안아 주며 '잘 참았다.'라고 스스로를 용서하도록 하는 것이다. 기억하자. 튀긴 음식을 먹으면 뇌세포가 튀겨진다.

장내 유해균을 증식시키는 두 번째 음식은 바로, 라면이나 햄버거와 같은 패스트푸드와 인스턴트이다.

이런 음식에는 각종 첨가물이 가득하다. 패스트푸드를 전혀 먹지 않는 학생과 자주 먹는 학생의 성적을 비교해 보면 그 확연한 차이를 발견할 수 있다. 패스트푸드가 두뇌 활동에 부정적 영향을 미친다는 연구 결과 역시 대단히 많다. 그래서 정크푸드를 자주 먹는 사람들에게 경고한다.

"정크푸드 많이 먹지 말라. 인생이 정크Junk 될까 걱정된다."

식습관이 인생의 운명을 좌우한다고 해도 과언이 아니다. TV와 유튜브를 보면 먹방이 얼마나 많은지 정신이 어지러울 정도이다. 교육 방송에서라도 가정의 올바른 식습관을 위한 캠페인을 해야 하지 않을까? 어릴 때 식습관을 잡아 주는 것이 각종 성인병 예방 차원에서 국가의 재정을 천문학적으로 줄일 수 있는 최선의 방법이다.

한편 웃음이 많은 사람은 장내 유익균이 많다고 볼 수 있다. 행복 물질인 세로토닌은 두뇌에서 5%만 만들어질 뿐

나머지 95%는 '장'에서 만들어지기 때문이다. 그래서 '식사'
는 '내 입을 즐겁게 한다'는 개념의 'Eating'이 아닌 장내에
유익균을 '공급한다'는 개념의 'Feeding'으로 이해해야 한
다. 그래야 '내가 어떤 음식을 먹어야 장내 유익균을 늘릴
수 있을까?'를 생각하게 된다. 반려동물만 키울 게 아니라
'장내 반려균'도 키워야 한다. 반려균들이 당신의 건강과
행복을 지켜 주며 자녀의 집중력과 암기력은 물론, 숙면도
취할 수 있게 해 준다. 이 얼마나 좋은 반려균인가?

반려균을 키우는 방법은 모두가 잘 알고 있을 것이다. 두
말하면 잔소리, '채소'를 많이 먹어야 한다. 요즘 아이들은
채소를 안 먹어도 너무 안 먹는다. 요람에서부터 채소를 먹
이는 습관을 들여야 하는데 그렇지 못한 경우가 많다.

햄버거나 피자가 익숙한 서양인에게 청국장을 맛보게
하면 어떤 반응이 나올까? 코를 틀어쥐지 않으면 다행이
다. 어떤 사람은 청국장을 먹으며 "구수하다."라고 하고, 어
떤 사람은 왜 인상을 쓰며 "못 먹을 음식이다."라고 하는 걸
까? 바로, 배 속에서부터 '입맛'이 학습되기 때문이다. 뇌에
서 얼마나 학습되었느냐에 따라 '맛있다' '맛없다'로 평가
하는 것이다. 그러니 지금부터라도 자녀의 입맛을 '채소'로
학습시켜라.

가공식품을 집에 두지 말고 자연 재료로 요리한 음식을 먹어야 한다. 집 밖에 나가면 설탕과 고추장으로 범벅을 한 떡볶이부터 두뇌에 좋지 않은 음식들이 얼마나 많은가. 가정에서만이라도 규칙을 만들어 아이들에게 건강한 식습관을 갖게 하자. 밥과 생선, 시금치와 김, 멸치와 계란말이 정도만 돼도 훌륭한 밥상이다. 자녀의 창의성을 높이고 싶다면 학원을 뺑뺑이 돌리지 말고, 채소 위주의 메뉴를 식탁에 뺑뺑이 돌려야 한다. 자녀에게 공부를 시키는 부모가 아니라 자녀의 두뇌 발달을 위해 식단을 공부하는 부모가 되어야 한다.

Key Point.

장내 반려균인 유익균을 키워라. 두뇌가 춤출 것이다.

보톡스가 아닌 '디톡스'가 필요하다

장이 좋아지면 머리가 좋아진다니, 얼마나 기쁜 소식인가? 내 자식은 머리가 안 좋아서 공부를 못하는 것이 아니라 장이 안 좋아서 그렇다니, 장을 좋게 해 주는 것은 해 볼 만하지 않은가? 자녀의 미래를 위해 실패하지 않기를 응원하며 장을 좋게 해 주는 비법을 공개한다.

장의 표면적은 얼굴 면적의 약 4백 배나 된다. 피부 관리의 원리를 잘 알고 있다면 장 관리를 하는 것도 쉽게 이해할 수 있을 것이다. 건강한 피부처럼 탄력 있는 장을 만들고 싶은가? 장 관리를 하라. 장 관리를 한다는 것은 앞에서도 설명했듯, 장내의 유익균을 늘리는 것이다. 유익균을 늘리기 전에 해야할 일 있다. 먼저 '디톡스'를 하는 것이다. 장을 디톡스를 하는 좋은 방법이 바로 '해독 주스'이다. 많이들 들어 보았을 것이다. 『서재걸의 해독 주스』[2]에 그 조리법이 나와 있다. 여기에 들어가는 재료는 마트에서 손쉽게 구할 수 있는 것들이다. 브로콜리와 양배추, 당근과 토마토를 살짝 익히고 사과와 바나나를 넣어 믹서에 갈면 완벽한 해독 주스가 완성된다. 이것을 아침저녁으로 한 잔씩 두 번을 마셔 보라. 최상의 효과를 볼 수 있다. 맛에 적응이 안 된다면 매실초나 홍초, 혹은 블루베리를 넣어 마시면 좋다. 해독 주스의 효능은 다음과 같다.

1. 채소를 먹지 않는 현대인들에게 최고의 대안 식품이다.

2. '생'으로 먹으면 5%밖에 체내에 흡수되지 않지만 데쳐 먹으면 체내에 90% 이상이 흡수된다.

3. 비타민, 미네랄, 식이섬유, 칼슘, 칼륨, 리코펜, 베타카로틴 등 많은 영양소가 들어 있어 소화력과 면역력을 높여 주고 혈액순환과 노화 방지에도 도움이 된다.

4. 아토피 치료에도 탁월할 만큼 피부 건강에도 좋다.

5. 장내 유익균을 많게 해 체질량 감소뿐만 아니라 공부력도 향상시킨다.

이제 우리가 먹는 음식을 나열해 보자. 유해균이 좋아하는 먹거리가 많은지, 아니면 유익균이 좋아하는 음식이 많은지. 점검하는 시간이 필요하다.

식탁에 유익균을 배양하는 음식이 많아지면 부모는 당뇨나 혈압 등 성인병에서 해방될 것이고, 자녀들은 그토록 바라고 바라던 머리가 좋아질 것이다.

당신의 자녀가, "너는 누구를 닮아서 머리가 나쁘니?"라는 저주스러운 말이 아닌 "넌 누가 식습관을 잡아 줬길래 이렇게 머리가 좋으니?"라는 희망 가득한 소리를 듣기를 바란다.

Key Point.

해독 주스로 장을 '디톡스' 하자. 몸이 가벼워지고 머리가 좋아진다.

'장내혁명'을 위한 체크리스트 작성

    종교가 개신교나 가톨릭이 아니더라도 다니엘^{Daniel}을 모르는 사람은 아마 없을 것이다. 다니엘은 고대 유태인으로, 이라크의 선조인 바빌로니아 제국에 포로로 끌려갔던 소년이다. 그리고 인재 양성을 위해 설립된 왕립학교의 학생이 되었다. 당시 학교에서는 학생들에게 육류와 포도주를 먹게 하는 교칙이 있었는데 다니엘은 이를 거절했다. 조국에서 먹었던 대로 채소와 물, 그리고 곡류 위주의 식사를 고집하는 용감한 학생이었다. 고기는 바빌로니아의 신에게 바치는 제사 음식이었기 때문에 이를 받아들일 수 없었던 것이다. 그런데 놀랍게도, 고기 위주로만 먹었던 학생들보다 다니엘의 얼굴이, 성적으로 말하면 최상위권에 자리하게 되었다.

나는 여기에서 아이디어를 얻어 '다니엘 따라하기'라는 프로젝트를 만들었다.

모든 프로젝트는 소그룹으로 진행한다. 다니엘도 혼자

내용 날짜	스트레칭 및 5분 체조	감사 나누기	채소 및 과일 섭취하기	물 2L 이상 마시기	긍정적인 언어 사용하기
7월 18일					
7월 19일					
7월 20일					
7월 21일					
7월 22일					
7월 23일					
7월 24일					
7월 25일					
7월 26일					

그룹 모두가 실천했을 때
그룹 중 세 명이 실천했을 때
그룹 중 두 명이 실천했을 때
그룹 모두가 실천하지 않았을 때

다니엘 체크리스트

했던 것이 아니라 그의 세 친구들과 함께했다. 이렇게 그룹별로 테마를 정하고 체크리스트를 만들어 모든 구성원이 각자의 하루를 점검하며 형광펜으로 표시를 하는 것이다. 물론 시작부터 습관이 되기는 힘들다. 우리도 처음에는 멤버 모두가 성공하지는 못했지만 해가 거듭될수록 성공률이 높아지고 있다. 시작은 한 학기에 한 번, 1년에 두 번을 실시하다가 분기별로 횟수가 많아지면서 이제는 자연스럽게 생활화되었다. 체크리스트 항목도 점점 구체화되었다. 'No 인스턴트, Yes 채소 먹기' 운동에서 내면을 다스리는 정신운동으로까지 발전하고 있다. '스트레칭'과 '5분 유산소 운동', '감사 나눔'과 '긍정의 언어 사용하기'까지, 다니엘 프로젝트는 이렇게 전인교육으로 확장되었다.

어떠한 프로젝트를 진행할 때 그것이 학생을 위해 만들었다고 해도 무조건 하는 것이 아니라 왜 해야 하는지, 어떻게 해야 하는지, 이것을 하고 나면 어떤 효과를 기대할 수 있는지를 아이들에게 잘 설명해야 한다.

우리는 학생들에게 채소와 물을 섭취하는 게 왜 중요한지를 알려 주는 영상을 보여 준 뒤 결단을 한 학생들에게 결심서를 작성하게 한다. 다니엘의 기적도 스스로 선택한 결과이다. 학생의 본분은 공부이지만 건강하게 공부를 하는 것도 학생의 사명이다.

아래는 한 학생이 작성한 결심서이다. 간결하지만 분명한 의지와 목표가 있다는 것을 알 수 있다.

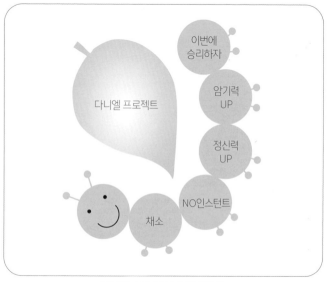

다니엘 프로젝트 '결심서'의 예

다니엘 프로젝트의 효과는 많은 학생들에게 나타나고 있다. 어떤 학생은 수업 시간에 조는 일이 없어졌고, 어떤 학생은 오돌토돌한 피부가 눈에 띄게 좋아졌고, 또 어떤 학생은 체중이 줄어 몸이 가벼워졌다고 했다.

학생들의 식습관을 보면 그 아이의 미래를 알 수 있다. 견고한 기초를 쌓지 않은 꿈은 멀지 않은 미래에 결국 무너지게 돼 있다. 평소에 공부는 참 잘하는데 시험만 보면 과민성 대장염으로 시험을 망치는 경우가 이에 해당한다.

성공하겠다고 공부를 하는데 공부의 기초인 먹는 데서 실패하면 되겠는가? 기껏 돈 들이고 시간 들여 공부했는데, 건강 때문에 사회생활을 제대로 하지 못한다면 이 얼마나 억울한 일인가. 따라서 가정에서는 사명을 가지고 '건강한 먹거리'를 사수해야 한다. 밀려드는 정크푸드로부터 아이를 보호해야 하는데, 그러려면 선택에 대한 훈련이 필요한 것이다.

온 가족이 함께함으로 생기 있는 체내 세포를 만들어 보라. 꿀을 발라 놓은 듯 자체 발광하는 놀라운 피부는 덤이다. 변비약도 끊을 수 있고, 과민성 대장염도 치료되며, 지긋지긋한 아토피로부터 벗어날 수도 있다. 공부는 두말하면 잔소리! 집중력과 암기력, 지구력까지 얻을 수 있다. 마음의 힘까지 좋아져 밝고 긍정적인 인생을 만들어갈 수 있다.

이제라도 늦지 않았다. 당신의 가정에서 '식탁혁명'을 이

루어 보라. '식탁혁명'으로 '장내혁명'을 이루고, '장내혁명'
을 통해 '두뇌혁명'을 이루는 성공의 가정이 되길 바란다.

Key Point.

'장내혁명'은 선택하고 결단하는 데서부터 시작한다.

8장

아이를 망치는 부모의 나쁜 습관, 네 가지

관심인가, 집착인가?

"나에게 '공부'란 무엇일까? 오늘도 집에 오니 밤 10시가 넘었다. 그런데 끝나지 않았다. 학교 숙제를 끝내고 나면 새벽이 될 것이다. 며칠 전 엄마와 크게 싸운 적이 있었다. 나는 정해진 하루 공부량을 다 끝내면 마음대로 쉬는 것을 원했지만 엄마는, '공부에 끝이 어디 있냐.'라며 계속하라고 했다. 어쩔 수 없이 책상에 앉으니 졸려서 집중력이 떨어지고, 오래 앉아 있어도 집중하는 시간은 짧고, 잠은 부족했다. 엄마와의 사이도 점점 더 안 좋아졌다."

이 학생의 부모가 혹시 당신은 아닌지 모르겠다. 부모로서 자녀를 학원에 보내지 않으면 왠지 책임감 없는 부모로 여겨지지는 않는지, 아니면 '학교는 믿을 수 없으니 성적을 위해서는 무조건 학원에 보내야 돼.'라며 학원에 의지하는 부모는 아닌지, 당신에게 묻고 싶다.

도대체 왜 자녀에게 공부를 시키는가? 꼴찌하면 남 보기에 창피하니까? 그래도 명문 대학에 갔다는 소리는 들어야 하니까? 성공했다는 소리를 들어야 하니까? 대부분의 부모가 자녀의 공부를 놓고 관심과 집착 사이를 오가며 방황하곤 한다.

일반적으로 자녀에게 집착하는 부모들은 자녀의 '성장' 보다 '성적'에 관심이 많다. 명문 대학에 집착하며, 자녀에게 큰 부담을 준다. '내 자식'만 보이므로 시야가 좁고 편협하다. 자녀에게 만족이 없다. '최선'보다 끊임없이 '최고'를 요구한다. 성공과 출세에 대한 집념이 강하며 미래에 대한 불안감이 크다.

이런 부모들 밑에 있는 자녀들의 양상 역시 여러 가지로 나타난다. 부정행위를 한다. 거짓으로라도 높은 성적을 만들어 인정받고 싶어한다. 자존감이 매우 낮고, 우울감을 자주 느낀다. 멘탈이 약해 강박증을 느끼거나 과민성 대장염으로 고생한다. 회복탄력성이 약하고, 스트레스를 해소하기 위해 도벽이나 자해를 선택하기도 한다. 학교와 학원만 다녀서 문제 풀이는 좀 하겠지만 창의적 문제 해결 능력은 거의 '제로'에 가깝다. 공감 능력 또한 낮으니 친구 관계가 원만하지 못하고 사회성이 떨어진다.

> "주말에는 아무것도 못 하고 책을 읽고 독후감을 써야 했어요. 새벽 1시까지 책을 읽어야 했죠. 아빠는 다른 일을 하면서 제가 독후감을 다 쓸 때까지 옆에서 기다리셨고요. 힘들다고 울어도 보고 애원도 해 봤지만 소용이 없었어요. 아빠한테 거의 맞아 가며 독후감을 썼어요."

그의 부모는 문학 작가로 상당한 명망이 있었던 것으로 기억한다. 이 학생이 우리 학교에 왔을 때 발견한 사실은, 그가 글쓰기를 싫어하다 못해 증오한다는 것이었다. 상담 결과는 좀 충격적이었다. 다시 기억을 끄집어내는 것을 몹시 힘들어했고, 급기야 눈물을 보이며 자신에게 글이란 '학대'라는 표현까지 했다. 그의 부모는 자녀의 글이 자신의 기대치에 미치지 못한다며 반복하여 쓰게 했고, 심지어는 직접 글을 수정해 주었다고 한다. 사회적으로는 모범적이며 존경

받을 만한 위치에 있었지만 자녀 교육에 있어서는 욕심이 과도한 나머지, 자녀는 극심한 압박감에 시달렸다.

치유가 필요했다. 이런 경우 우리 학교에서는 개개인에 맞는 맞춤형 치유 프로그램을 통해 '디톡스 프로세스'[1]를 밟는다. 아이의 독은 대부분 부모로부터 오기 때문에 가족 구성원 모두를 디톡스 하며 문제를 해결해 나가는 것이다. 이때 학생과 연관된 모든 선생님이 심리상담사요, 치료자요, 조력자 역할을 해야 한다.

디톡스 프로세스를 시작하고 몇 달 후, 그의 아버지가 편지를 보내 왔다.

"나는 한없이 약합니다. 한 방울의 물에 불과한 나는 가녀린 꽃잎 위에 위태롭게 매달려 있다가 이른 아침 햇살에 이내 메말라 버리기도 하고 슬픔을 가누지 못한 눈물이 되어서 뺨을 타고 흐르기도 하고 비가 되어 내리면 하염없이 낮은 곳으로만 흘러가기도 하고 거친 땅속으로 스며들어 제 모습을 감추기도 합니다. 한 방울의 물은 나약합니다."

나는 여기서 희망을 보았다. 자신의 연약함을 깨닫는 순간, 그 연약함이 자신을 더 강하게 만들어 주기 때문이다. 아니나 다를까 뒤에 이런 글이 이어졌다.

"나는 한없이 강합니다. 한 방울의 물에 불과하지만 나는 꽃잎이 담고 있는 자태를 고이 간직해 두었다가 그 향기를 실어 나르는 향수가 되기도 하고 슬픔의 늪에서 빠져나올 수 있도록 위로의 손길을 내밀기도 하고 비 그친 후에 하늘과 땅을 잇는 무지개다리를 만들기도 하고 지하수가 되어 흐르다가 샘물로 솟구치며 사막에서 생명을 기르기도 합니다. 한 방울의 물은 강인합니다."

어쩌면 이리도 감칠맛 나게 글을 쓰시는지, 읽는 내내 감탄이 일었다. 아버지는 Before와 After를 문학적 수사로 표현하였다. 그 뒤 아버지와 아들의 관계는 회복되었고, 아들의 글 실력도 일취월장하기 시작했다. 그 아버지에 그 아들이 되는 순간이 있다. 강요가 아닌 '즐거움'으로 글을 쓰니 명필이 되어 갔다. 아들은 미래의 아들에게 전하고 싶은 말을 한 편의 시에 담았다.

아들아.

너에게 꼭 해 주고 싶은 말이 있단다.

비록 노력에 비해 성과가 낮아 포기하고 싶다면

겨우내 혹독한 환경 속에서도

끊임없이 인내하여 마침내 결실을 맺는

아름다운 꽃들을 보아라.

아들아.

너에게 꼭 해 주고 싶은 말이 있단다.

만약 네 자신이 쓸모없다 느껴진다면

겨울에 따뜻한 생명을 불어넣어 주는 봄처럼

너 또한 누군가에게 생명을 불어넣어 주는

소중한 존재란 것을 기억하거라.

당신의 자녀를, 동물원에 발목이 묶여 있는 코끼리와 같이 키울 것인가? 아니면 꿈을 위해 도전하고 비행하는 갈매기, '조나단 리빙스턴'[2]과 같이 키울 것인가? 관심이 지나치면 집착이 되고, 사랑이 과도하면 애증이 될 수 있다.

인생의 주체는 나 자신이다. 그 누구도 대신할 수 없다. 부모나 교사는 아이가 정체성을 갖고 잠재력을 발휘하도록 돕는 조력자이지, 자신의 주관과 욕심대로 끌고 가는 감독관이 아니다. 당신의 교육철학이나 인생의 가치 기준이 비뚤어졌음에도 불구하고, 그것을 인지하지 못한 채 자녀에게 집착한다면, 아이는 '착한 사람 콤플렉스'[3]로 힘든 인생을 살게 될 것이다. 당신이 이러한 어리석음을 행치 않기를 바란다. 올바른 가치관과 열린 사고로 지혜롭고 자존감 높은 자녀를 양육하기를 바란다.

Key Point.

자녀를 왜 교육시켜야 하는지를 먼저 생각하자. 자녀는 당신의 소유물이 아니다. 자녀를 독립적인 인격체로 받아들여야 한다.

방목과 방치 사이

간혹 사람들이 내게 묻는다.

"박사님은 어릴 때부터 공부를 잘하셨나요?"

나는 자신 있게 이야기한다.

"아니요. 절대 그렇지 않습니다!"

초등학생 때 나는 숙제를 하느니 차라리 학교에 가서 회초리를 맞는 편이 더 낫다고 생각했다. 또 나는 사방이 자연으로 둘러싸인 곳에서 자랐기 때문에 목가적인 삶을 구가했다. 요즘으로 치면 또 하나의 '대안자연학교'를 다닌 셈이다. 비가 그치고 언덕 너머 무지개가 뜨면 무지개를 잡으러 뒷산으로 달려가고, 금방이라도 하늘에서 선녀가 내려올 것 같은 계곡에서 헤엄을 치며, 야산에 널브러져 있는 잣과 밤을 따러 다녔다. 어떤 날은 친구랑 산딸기를 따 먹다 낭떠러지로 떨어져 며칠간 학교에 못 간 적이 있었는데, 그때 어머니가 이런 말씀을 하셨다.

"이 세상에 맛있는 것이 산딸기만 있는 게 아니란다. 공부도 얼마나 맛있는지 몰라. 이제부터 공부를 산딸기라 생각하고 한번 따 먹어 보렴."

그 말을 듣고 묘한 호기심이 생겼다.

그리고 어느 날, "심심한데 숙제나 해 볼까? 산딸기 맛이라는데." 하며 책을 펴게 되었다. 도형 숙제였던 것으로 기억하는데 면적을 구하는 문제였다. 처음에는 좀 어려웠지만 하다 보니 술술 풀리는 것이 의외로 재미있었다. 그때부터 공부에 맛이 들어 지금까지 하고 있는 것이다. 공부에 관심을 갖게 해 준 나의 어머니의 '방목형 자녀 양육'에 감사할 따름이다.

공부는 내게 '맛있는 사과'와 같은 것이다. 공부의 맛이 느껴지기 시작하면 훔친 사과를 몰래 먹어 치우듯, 하지 말라고 해도 한다. 그래서 공부는 쓰고 떫은 감이 아니라 달고 맛있는 것이다.

중학교에 입학한 뒤에는 매일 도서관에서 책을 빌려 와 읽기 시작했다. 책 속에 지혜가 넘쳤다. 도서관에는 산딸기 뿐만 아니라 파인애플, 바나나, 홍시, 딸기 등 다양한 맛의 과일이 있었다. 당신의 자녀에게 이렇게 말해 주고 싶다.

"공부는 맛있고 독서는 재밌고, 시험은 즐겁다."

물론 부모님이 나를 '마이크로 매니지먼트Micro management'를 하셨다면 불가능한 경험이었을지도 모른다. 만약에 그랬다면, "공부는 쓰고 독서는 졸립고, 시험은 지긋지긋하다."라고 말하지 않았을까?

실제로 많은 자녀들이 부모의 '마이크로Micro'한 자녀 양육의 방식으로 힘들어하는 경우가 많다. 이러한 양육 방식은 발달심리학을 전혀 고려하지 않는 방법이다. 그저 남들과 비교하고 1등을 해야만 직성이 풀린다. 내 아이만 보는

'두더지 시야'로 자녀를 공부시키는 것이다. 그 부작용으로 초등학교에서는 시험을 없앴다고 들었다. 나는 이것이야말로 방목이 아닌 '방치'라고 생각한다. 시험을 남들과 비교하는 목적으로 시행하니까 시험은 부담스러운 것으로 생각하는 것이다. 중간고사와 기말고사로 학생들을 성적순으로 줄을 세울 것이 아니라, 간단한 형식의 퀴즈를 통해서라도 지식을 점검하고 격려해 주어야 한다.

매주 퀴즈를 보라. 그리고 몇 달간 그 점수를 이어 보라. 그러면 하나의 그래프가 나온다. 그것은 성적 그래프이지만 성적 상담 자료가 아닌 학생의 생활 그래프로 활용할 수 있다. 심리상담을 공부하지 않아도 아주 특별한 상담을 이끌어 갈 수 있다.

나는 지금까지 1등을 하기 위해 공부한 적이 없다. 그냥 공부를 하다 보니 좋은 점수가 나왔다. 좋은 점수가 나오니 더 열심히 했고, 그랬더니 더 좋은 점수가 나왔다. 그래서 공부를 했다. 즐겁게 하는 사람을 이길 수 없다고 한다. 즐겁게 하는 사람만이 1등을 한다는 의미는 아니다. 2등을 하면 어떻고, 3등을 하면 어떤가. 나는 중학교 때를 제외하고는 1등을 해 본 적이 거의 없다. 그렇다고 친구를 미워해

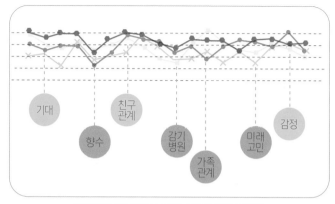

기대

친구
관계

향수

감기
병원

가족
관계

미래
고민

감정

만방학교 학생들의 성적과 생활을 이은 그래프

본 적도 없다. 즐겁게 할 수 있다는 것이 1등의 '마인드셋'이
아닐까?

나는 스스로를 '방목형 인재'라고 지칭한다. 그래서인지
매이는 것을 힘들어 한다. 반복적으로 돌아가는 일에 즐거
움을 느끼기보다는 새로운 일에 도전하는 데 흥미를 느낀
다. 직업도 '마이크로'한 일보다 '매크로Macro'한 성격의 일
을 좋아한다.

나는 20대 중반에 결혼을 하고, 20대 후반에 박사학위
를 받고, 30대 초반에 몇 채의 아파트를 소유하다가, 많은
사람에게 미쳤다는 소리를 들으며 교육 봉사를 위해 제3국
으로 떠났다. 그곳에서 대학교수로 10년간 봉사를 한 뒤

10대 청소년들을 위해 무언가를 해야겠다는 사명감이 생겼고, 그래서 학교를 설립해야겠다는 결심을 했다. 사람들은 내게 또 미쳤다는 소리를 했지만 사명으로 불타는 내 의지를 꺾을 수는 없었다. 부지를 정하고 건축을 하고, 마침내 신입생을 모집해 개교하기에 이르렀다. 그것이 벌써 20여 년이 되어 간다. 함께했던 제자들이 일선에서 죽을힘을 다한다. 참으로 감사한 일이다. 나의 재능과 지식, 경험으로 많은 사람을 먹이고 살리는 데 쓰이고 있으니 말이다.

우리의 자녀가 고개를 들고 더 넓은 세상을 바라볼 수 있도록 인도해야 한다. 나 혼자 잘 먹고 잘 사는 삶이 아니라 더 많은 사람들에게 영향력을 줄 수 있는 인재가 되도록, 그런 꿈을 위해 공부하는 자녀가 될 수 있게 가르쳐야 한다.

Key Point.

자녀가 넓은 시야를 가지고 '다른 사람을 살리는 인재'가 되도록 양육하자.

대화 없는 부자지간

"인도의 '불가촉천민'[4]들에 대한 다큐멘터리? 결국 작가의 멋진 어휘로 시청률을 올리려는 의도 아닌가?"

'불가촉천민'에 대한 영상을 본 뒤에 쓴 한 학생의 감상평이다. 소외된 이웃에 대한 삶을 통해 우리의 모습을 돌아보자는 의도로 보여 준 영상이었는데, 학생의 감상이 매우 부정적이었다. 그런데 매사가 이런 식이었다. 『과자, 내 아이를 해치는 달콤한 유혹』[5]이라는 책의 감상문에는 이런 내용이 있었다.

"과자를 비롯한 각종 인스턴트식품이 건강에 좋지 않다는 것은 예전부터 알고 있었다. 물론 우리는 그것들을 먹지 않으려고 노력해야 한다. 하지만 나쁜 음식이 쏟아짐과 동시에 의학이 발달하고 있다. 음식으로 구멍 난 건강은 곧 의학이 메워 줄 것이라는 이야기다. 그러니 이왕 먹는 거 입에 단것을 먹어야 한다고 생각한다."

해결되지 않은 불만족을 이렇게 꽈배기 같은 반응으로 표현하는 10대, 그저 사춘기이니 봐 줘야 하는 걸까?

대체적으로 부정적인 태도를 가진 아이에게는 배후 인물이 존재한다. 부모가 입버릇처럼 내뱉는 부정적인 말투가 자녀에게 스며드는 것이다. 자녀에게 무례한 말을 쏟아 내기도 한다. 함께 있는 시간이 많을수록 자녀가 상처받는 일은 더 많아질 수밖에 없다.

어버이날에 학생들에게 이런 주제의 강의를 한 적이 있었다.

'부모 공경의 걸림돌을 제거하라'.

부모는, 표현하는 법에 서툴어 자녀에게 상처를 줄 때가 있다. 부모의 입장에서는 실수라고 생각해 시간이 지나면 쉽게 잊혀지지만 자녀가 성장한 후에 대화를 하다 보면 내 아이가 그 상처를 여전히 간직하고 있다는 것을 알게 된다. 부모는 까맣게 잊어버렸는데 말이다.

자녀가 아동기를 지나 청소년기 들어서면 더 이상 부모가 전지전능해 보이지 않는다. 자녀가 성장하면서 부모의 본모습에 대해 인지한다는 것은, 부모도 늘 강하기만 한 존재가 아니라는 것을 깨달아 가고 있다는 의미이다. 그렇다면 이를 깨달은 자녀는 부모를 어떻게 대해야 할까? 부모를 공경하되 공경을 방해하는 '걸림돌'을 제거해야 한다. 부모에게도 나약한 모습이 있다는 것을 이해하고 용서하는 자세가 필요한 것이다.

매사에 부정적이었던 위의 학생이, 바로 이 메시지를 듣고 아빠에게 이런 편지를 보냈다.

"어렸을 때, 혼을 내고도 마지막에는 늘 안아 주었던 엄마와는 달리, 아빠는 그러지 않으셨어요. 그때부터 내 마음속에 '아빠는 왜 나를 안아 주지 않을까? 아빠는 나를 사랑하지 않는 거야.'라는 생각이 들었고, 앙금이 쌓이기 시작했죠. 하지만 이제 그런 감정에서 벗어나 아빠를 용서하기로 했어요. 최하진 박사님의 말대로 아빠를 용서하고, 좋은 관계를 만들고 싶어요. 제가 이 편지를 어버이날에 보내는 이유가 있어요. 어버이날에 아빠와의 관계를 회복하는 것이 아빠에게 드리는 가장 큰 카네이션 같아서요. 아빠를 용서합니다."

부모로서 권위만 내세우기보다 자녀에게 용서를 구하는 용기도 필요하다. 본인도 모르게 자녀에게 상처를 준 것이 있다면 마땅히 용서를 구해야 하지 않을까? 그렇다고 부모의 권위가 상실되는 것이 아니다. 오히려 '관계 회복'이라는 놀라운 선물이 가정에 주어질 것이다. 모든 부모가 자녀 양육에 완벽하지 않다. 저마다 옳다고 생각하는 기준으로 행하지만, 그 기준이 바르지 않을 때가 얼마나 많은가. 이 글을 쓰고 있는 나 자신조차 이 점에서 자유롭지 못하다.

세상을 부정적인 시선으로 바라보았던 이 학생은 어떻게 되었을까?

자신의 용기로 아빠와의 관계가 회복되었고, 틀어져 있던 내면이 바로 서게 되며, 긍정의 아이콘이 되어 갔다. 그의 고백을 들어 보자.

"세상에 어떤 것이, 어떤 일이 완전하겠습니까? 모든 일을 하나하나 따지다 보면 다 안 좋은 일이 됩니다. 그러나 중요한 것은 어떤 물건이나 사건이 아니라, 그 것을 보는 '나 자신'인데, 이 당연한 걸 왜 지금에서야 깨닫는지 제 자신이 참으로 한심하게 느껴집니다. 이 런 제가 변화될 수 있도록 도와주시고 기다려 주신 선생님들께 감사를 드립니다. 이제 저는 새롭게 출발 할 것입니다. 앞으로도 제가 같은 실수를 반복하거나, 잘못된 방향으로 치우치면 정신 차리도록 저를 다그 치고 깨워 주세요. 매 순간 깨어있지 않으면, 또다시 부정적인 생각에 빠지기 쉬우니까요."

아빠를 용서한 아들, 아들을 안아 준 아빠. 서로의 앙금 은 눈 녹듯이 사라졌고, 비로소 동행을 하게 되었다. 아들 은 그 동행의 기쁨을 아래와 같은 한 편의 시로 남겼다.

동행

어디로 갈 것인가

꿈을 꾸는 이라면

누구나 한 번쯤 해 본 생각입니다.

하지만 그렇게 가야 할 곳을 정하고

힘든 줄 모르고 지친 줄도 모르게

정신없이 달려가 본 이는

결국 삶이란 어디로 가는 것이 아닌

누군가와 함께 가는 것이 중요한 것임을

이해하게 됩니다.

그리고 그렇게 뒤를 돌아볼 때

삶이 헛되이 여겨질 때

나를 따라 말 없이 찍혀 있는

또 다른 발자국이

그제야

그제야 보여

흐르는 눈물을 따라 무릎을 꿇고

바짝

바짝 엎드립니다.

긍정으로의 변화는 '열린 마음'에서 시작한다. 당신이 무한한 가능성을 가진 10대의 부모라면 자녀와의 '열린 대화'가 더더욱 필요하다. 대화를 통해 자녀와의 관계가 회복되고, 자녀와 함께 동행의 기쁨을 누릴 수 있는 축복이 있기를 바란다.

Key Point.

> 부모의 연약함을 받아들일 수 있도록 자녀에게 용서를 구하자.
> 자녀는 부모의 '내려놓음'과 '겸손'을 통해 부모를 더욱 존경하게
> 된다.

전자기기의 과다 사용

"디지털 미디어의 중독을 우습게 보면 안 돼. 술이나 마약 중독과도 다를 바가 없어. 실제로 과학자들이 스마트폰이나 인터넷게임, 술, 그리고 마약중독자들의 두뇌를 연구했는데, 전두엽의 똑같은 부위에 구멍이 났다는 걸 발견했지."

"그럴리가요! 스마트폰이 그렇게 무서운 건가요?"

"'팝콘 브레인Popcorn brain'6이라고 들어 봤니? 전두엽이 뻥 뚫린 브레인이야. 뇌가 '슬로우 씽킹'을 못 하고 팝콘 튀기듯 자극적인 것에만 반응한다는 거지. 이런 경우 참을성이 없어지고 우발적인 뇌로 변한다는 게 문제야. 집중력이 떨어져 산만하고 주의력 결핍으로 고생하지. 판단력도 흐려지고 인지능력은 말할 것도 없어. 이런 두뇌를 가지고 공부를 할 수 있겠니?"

"아니요!"

외부 활동 시간에 소나기가 내려 어쩔 수 없이 자습을 해야 하는 상황이었다. 나는 아이들과 대화도 나눌 겸 '디지털 미디어의 과의존'이 얼마나 해로운지를 알려 주었다. 분당서울대병원 김상은 교수팀은 인터넷게임 중독자와 마약중독자의 뇌를 양전자단층촬영으로 검사한 결과, 전두엽과 같은 뇌의 부위가 똑같이 활성화된 것을 확인할 수 있었다. 마약에 중독이 되면 개인의 의지로는 절대 고칠 수 없듯이, 게임중독 역시 마약중독과 같은 '뇌 질환'으로 봐야 한다는 것이다. 우리가 디지털 미디어에 빠져들면 뇌의 사령관인 전두엽이 일을 멈추게 되는데, 전두엽의 본 기능인 '통제 능력'을 상실해 쉽게 흥분하고, 화내고, 수시로 욕설을 뱉으며, 폭력적으로 변하는 것이다.

"게임할 때를 생각해 봐. 시작할 때는 한 판만 하고 꺼야지, 하지만 결과는 어때? 한 판이 뭐야. 두 판, 세 판, 열 판을 하느라 두세 시간이 금방 지나가잖아. 거기서 끝나면 다행이게? 마지막 한 판을 더 하다가 욕을 하며 끝내지."

게임을 할 때 뇌에서는 '도파민'이 분비되는데 그 자극이 점점 더 강한 자극을 요구해 결국 중독이 되는 것이다. 마약이나 알코올 중독과 같이 말이다. 많은 10대들이 이 디지털 미디어에 중독되어 있다. 유튜브를 보다, SNS를 하다, 그리고 게임을 하다 보면 어느새 새벽 두세 시가 되어 있고, 겨우 쪽잠을 자고 학교에 가면 조는 것이다.

현실의 불만과 답답함을 인터넷 악플과 무의미한 커뮤니티 활동으로 해소하니 언어와 정서발달의 부작용을 낳기도 한다. '수구리족'[7], '왕따' 대신 '카따'[8], '빵셔틀' 대신 '와이파이 셔틀'[9], 스마트폰과 좀비를 합친 '스몸비'[10] 등 사회에 문제가 되는 악영향도 많지 않은가.

IT의 산실인 실리콘밸리에서도 자녀들에게 디지털기기를 멀리하게 하는 이유가 있다. 디지털기기를 과잉 사용했을 때 나타나는 신체적 징후로는 다음과 같은 것들이 있다.

· 불면증
· 개인위생 불량

- 영양부족
- 등·목 통증
- 손목터널증후군
- 안구건조증 및 시력 저하

학교생활과 사회생활에 부정적 영향을 미치는 정서적
징후로는 다음과 같은 것들이 있다.

- 우울 및 죄책감
- 불안
- 부정적·방어적 태도
- 시간 감각이 없음
- 우선순위를 정하지 못함
- 기분 변화가 심함

실제로 만방학교에 지원한 학생 가운데 아빠가 게임 회
사 사장이었던 경우가 있었다. 두 아들은 게임중독이 된 상
태였다. 동생이 더 심각했다. 이미 목디스크환자가 돼 있었
고, 걷는 자세가 마치 거북이가 목을 내민 것 같아 매우 안
타까웠다. 면접은 주로 토론으로 이루어지는데 독해력과 논

리력, 의사 전달력이 현저히 떨어져 있음을 발견했다. 그래도 희망적인 것은 아직 10대라는 것이다. 신체나 두뇌 발달이 활발한 나이이기 때문에 주변에서 적극적으로 도와주면 얼마든지 정상으로 돌아올 수 있다.

가정에서 부모와의 대화의 시간이 많을수록 아이의 태도가 적극적이고 긍정적인 경우가 많다. 이것이 바로 아날로그와 친한 학생들이 공부와 토론은 물론, 대인관계까지 좋은 이유 중 하나이다.

만방학교에서는 'SNS^{Social Network Service}'를 '스쿨 네트워크 서비스^{School Network Service}'라고 바꾸어 부른다. 전달할 메시지가 있으면 직접 찾아가 얼굴을 보며 대화해야 한다.

두뇌 운동은 아날로그 방식으로 해야 한다. 그래야 가족 간의 대화가 많아지고, 걷기 등 외부 활동을 통해 건강해질 수 있으며, 독서를 통해 지혜를 쌓을 수 있다.

토요일 혹은 일요일 하루만이라도 좋다. 온 가족이 핸드폰을 끄고 아날로그로 채우는 날을 정하자. 아침에 일어나 책을 읽고, 점심에는 외식으로 기분 전환을 하고, 오후에는 간단한 근력운동을 하거나 가까운 공원에 가 산책을 하는 것도 나쁘지 않다. 자녀에게 이제 가상의 세계가 아닌 현실

세계, 자연의 세계가 주는 즐거움을 누리게 하자. 스트레스 해소는 물론, 자녀의 공부력이 쑥쑥 올라갈 것이다.

Key Point.

디지털기기를 멀리하면 건강과 공부력, 가정의 회복이 가까워진다.

9장

부모와 아이, 함께 성장하려면?

'음식'을 통일하라

"엄마, 아빠는 순댓국 먹을 건데, 넌 뭐 먹을래?"

"난 돈가스!"

음식점에 가면 어른 메뉴와 어린이 메뉴가 구분되어 있는 것을 종종 보게 된다. 아직 '어른 입맛'에 길들여지지 않은 아이들을 고려한 마케팅 전략이지만 이렇게 일찌감치 입맛을 구분시켜 놓는 것은 바람직하지 않다. 다시 한번 말하지만 어릴 때부터 자녀에게 튀긴 음식을 먹이는 습관은 부모로서 하지 말아야 할 사항이다. 먹거리에서부터 부모와 자식 간의 거리가 생긴다.

의외로 부모들은 자녀들의 먹거리 교육에 문제의식을 느끼지 못한다. 자녀의 위장 속에 들어가 보면 배 속에 온갖 튀긴 음식과 인스턴트들이 가득 차 있을지 모른다. 문제가 심각하다. 인스턴트를 많이 먹는 아이들이 그렇지 않은 아이들보다 성적도 저조하다는 연구 결과는 흔하게 나타난다.

자녀의 미래를 위한다면, 그리고 부모와 자녀가 함께 성장하려면 먼저, '음식을 통일'시켜야 한다. 부모는 자녀와 하나의 문화를 공유하는 것이 좋다. 쉽게 말해, 문화의 차이를 없애야 한다는 것이다.

우리나라 사람은 '유태인의 교육'에 관심이 많은 편이다. 하브루타니, 밥상머리 교육이니, 다 유태인의 가정교육에서 비롯된 이야기이다. 그런데 한 가지 중요한 것을 빼먹었다. 토라, 즉 '모세오경'[1]에 등장하는 '음식'에 관한 것이다. 여기에는 우리가 먹어야 할 음식과 먹지 말아야 할 음식에 대한 이야기가 나온다. 이 음식들은 오늘날 '코셔 식품'[2]으로 전해지며 유기농식품보다 더 건강한 음식으로 인정받고 있다. 그들은 먹거리에서조차 세대 간의 통일을 이루고, 여기에서 벗어나지 않으려고 노력한다. 자녀 교육을 중시하는 유태인들이 이렇게 먹거리에 신경 쓰는 이유는, 먹는

것과 공부하는 것이 직결되어 있다는 것을 알기 때문이다

세계에서 제일 건강한 음식으로 꼽히는 '지중해 음식' 못
지않게 '이스라엘 음식' 역시 몸에 좋은 '웰빙 푸드Well-being
food'로 주목받는다. 무화과와 올리브, 후무스와 콩, 양유로
만든 요거트 등 모두 두뇌 발달에 좋은 음식이다.

자녀가 이미 정크푸드에 중독돼 쉽게 끊을 수 없는 상태
라면 '두뇌 김밥'을 만들어 보라. 맛도 좋고 먹기도 좋은데
영양까지 덤으로 챙길 수 있다. 채소와 견과류, 멸치 등 두
뇌에 좋은 온갖 재료들이 다 들어 있어 하나만 먹어도 속
이 든든해진다.

'두뇌 김밥' 조리법

1. 재료 준비
- 밥: 현미밥 혹은 콩밥, 녹두밥, 팥밥 등
- 속 재료: 각종 채소(깻잎, 파프리카 혹은 피망),
  자주양배추, 멸치, 호두, 잣, 아몬드 등
- 추가 재료: 김, 치즈 혹은 계란

2. 만드는 순서

- 밥에 참기름을 두르고 소금을 넣어 버무리며 간을 한다.
- 김 한 장을 먼저 깔고 그 위에 밥을 펴 바른다.
- 손질이 된 속 재료를 듬뿍 얹는다.

※ 맛있는 '멸치볶음' 만드는 법

중불에 멸치를 볶다가 매실액과 물을 적당히 넣고 볶은 뒤 멸치와 1:1 비율의 견과류들을 넣고 마저 볶아 준다.

- 김발로 말아서 예쁘게 썰어 접시에 담으면 완성!

꼭 위의 조리법이 아니어도 좋다. 아이들이 좋아할 만한 재료를 몇 개 추가하거나 창의력을 발휘해 나만의 영양 만점의 조리법을 개발해 보는 것도 좋은 방법이다. 요리에도 창의성이 들어가야 자녀에게도 도전이 되고 자극이 된다.

가정의 음식을 통일하려면 부모인 당신이 먼저 건강에 해가 되는 음식을 끊어야 한다. 물론 처음에는 담배를 끊는 일처럼 어려울 것이다. 하지만 실패해도 다시 시도하라. 어렵다고 시도하지 않을 것이라면 그만 이 책을 덮어라. 부모가 솔선수범이 안 되는데 자녀가 어찌 변할 수 있겠는가.

가문의 문화를 바꾸어야 한다. 전 세계 명문가들의 인물들을 잘 살펴보라. 미안하지만 살찐 사람이 별로 없다. 운동만 가지고 살 빼는 것은 쉽지 않다. 비결은 '좋은 음식'에 있다.

음식이 통일되면 세대 간의 차이도 없어진다. 음식 통일이 남북통일보다 어렵겠는가? 좋은 음식으로 통일해 보라. 밥상머리 대화도 풍부해질 것이다. 변비로부터의 해방, 집중력 향상, 공부력 상승! '1석 100조'에 가까운 유익이다.

Key Point.

가정의 음식을 통일하자. 먼저 인스턴트의 고리를 끊어야 한다.

'노래'를 통일하라

전화기 충전은 잘 하면서

내 삶은 충전하지 못하고 사네

마음에 여백이 없어서

인생을 쫓기듯 그렸네

　　　　　　　　　　　— 정동원, <여백> 중

　이 노래를 당시 초등학교 6학년이었던 아이가 불렀다.
인생의 의미를 알 만한 중년의 나이라면 몰라도, 10대 초반
의 아이가 불렀다니 상상이 되는가?

　몇 년 전 한 방송사에서 진행한 트로트 경연 프로그램[3]

에 출연해 인기몰이를 했던 정동원 군의 이야기다.

그는 어릴 때 할아버지가 좋아하던 트로트를 부르며 온 국민의 사랑을 받는 가수가 되었다. 이러한 집안은 대게 3대가 통일된 가정이다. 그것도 '노래' 하나로 말이다. 노래는, 세대 간의 거리를 좁혀 주는 윤활유 같은 역할을 한다. 가정에서 각자 자기 세대만 아는 노래만 부른다면 한 지붕 3세대의 벽이 존재할 수밖에 없다.

세대 간의 갈등은 문화 차이를 극복하지 못한 데서 발생한다. 가정에는 두 종류의 문화가 존재한다. 수직 문화와 수평 문화. 수직 문화는 세대와 세대 간을 잇는 문화이며, 수평 문화는 같은 세대를 잇는 문화이다.

수직 문화를 이어 오는 가정의 자녀들은 대부분 예의가 바르고 사춘기도 심하게 겪지 않는다. "라떼는 말이야."로 시작하는 상사의 말은 사실 그 시대의 문화를 알 수 있는 좋은 것이기도 한데, 무조건 구시대의 잔재로 폄하하는 경향이 있다. 자녀는 부모가 살아오면서 겪은 시대적 상황, 부모로부터 듣는 '살아 있는 역사'를 배울 필요가 있다.

만방학교에는 방학 동안 조부모나 부모 세대에 일어났던 역사적 사건을 직접 조사해 오는 과제가 있다. 그러면 자녀가 부모 세대를 훨씬 잘 이해할 수 있으며 '그들이 없이는 오늘의 내가 있을 수 없다.'라는 겸손함을 갖게 된다.

  그렇다면 어떻게 해야 세대 간의 문화를 통일할 수 있을
까?

  답은 아주 간단하고 재미있다. 바로, '노래를 통일'하는
것이다. 노래에는 그 세대의 정서가 깔려 있다. 무조건 옛날
노래는 요즘 아이들의 정서와 맞지 않다고 금기시해서는
안 된다. 오히려 옛날 노래의 가사가 요즘의 가요보다 훨씬
더 좋은 것들이 많다. 자연과 인생, 사랑의 은유적 표현은
시적이기까지 하다.

  나의 경우, 우리 집은 기독교 집안이었기 때문에 부모님
이 찬송가를 자주 부르셨다. <나의 사랑하는 책>이라는 찬
송을 들으면 어머니의 얼굴이 제일 먼저 떠오른다. 그래서
이 곡이 내가 가장 좋아하는 노래이기도 하다. 부모님이 좋
아하시니 나도 좋아하게 됐고, 그 애정이 나의 딸에게로 이
어지게 됐다. 아마 끊임없이 대물림되는 유산이 될 것이다.

  자녀와 '노래 통일'을 이루고 싶은가? 그렇다면 온 가
족이 함께할 수 있는 프로젝트를 하나 제안하겠다. 영화
'Sound of music'을 보며 거기에 나오는 모든 노래를 외워

가족 콘서트를 열어 보라. 영어 공부는 덤이요, 연습을 하는 과정도 재미있고 유익할 것이다. 이름도 '이웃 사랑 가족 콘서트'라고 해서 친구들을 초대하게 하라. 입장료를 받고 자선단체에 모은 돈을 기부하라. 이웃을 위해 좋은 일도 하고 세대 간의 문화 통일도 하고 얼마나 좋은가.

같은 노래를 반복해 함께 부른다는 것은, '정서'를 향유한다는 의미이다. 세대 간의 공통분모가 만들어지며 이로 인해 이야깃거리가 더욱 풍부해질 수 있다. 1년에 한 번 양로원에 가서 콘서트를 열어 보는 것은 어떨까? 자녀들이 할머니, 할아버지들의 사랑을 듬뿍 받을 것이다. 이것이야말로 최고의 자녀 교육 아니겠는가? 어른을 공경할 줄 아는 자녀가 된다는 것, 무엇보다 축복받은 가정이 되는 것이다.

Key Point.

가족이 함께 노래를 부르며 '정서'를 향유하자. 부모의 역사와 문화를 아는 자녀가 근본이 있는 인재로 성장한다.

'가치관'을 통일하라

당신의 자녀가 지금 무슨 생각을 하고 있는지 알고 있는가? 공부 외에 함께 이야기할 공통분모가 있는가에 대한 질문이다. 없다면 당신과 자녀와의 소통은 없는 것이나 마찬가지이다. 매일 밥 먹자, 일어나라, 학교 늦겠다, 학원 가야지, 핸드폰 좀 그만해라, 등의 상투적인 이야기만 하고 있지는 않은가?

자녀의 머릿속을 들여다 보고 싶을 때가 있다. 그러기 위해서는 자녀가 생각하는 것이 무엇인지를 끄집어내야 한다. 어떻게? 바로 '책'을 매개로 하면 충분히 가능하다.

유태인들은 어릴 때부터 가정에서 토라를 읽으며 토론을 즐긴다. 그들의 공부법은 서로 '질문'을 하는 것이다. 질문이란 새로운 아이디어를 뿜게 하는 분수대 역할을 한다. 하면 할수록 분수대에서 물이 뿜어져 나오듯 새로운 질문들이 생긴다. 그 질문에 대한 답은 토론을 통해 얻어 간다. 토라에 기록된 조상의 이야기를 통해 삶의 지혜를 배우는 것이다. 유태인 교육의 전문가로 불리는 현용수 박사 역시 유태인들의 자녀 교육 성공 비결이 바로 이 수직 문화 계승에 있다고 말한다.*

세대끼리의 공통된 문화라고 할 수 있는 수평 문화는 흐름을 따라갈 수 없을 정도로 빠르고 유동적이다. 뿌리가 없으므로 깊이가 없고 피상적이다. 마치 스키니 바지가 유행하다 통바지로 바뀌듯 변동이 심하다. 소비를 자극하는 것이 대부분이므로 물질주의적이다. 화장을 한다든지, 교복을 말아 올려 입는다든지, 좋아하는 가수의 열성 팬이 된다든지 하는 감정적인 요소가 많다. 이러한 수평 문화는 선배와 후배 간, 학생과 선생님 간의 불통을 낳으며 결국 단절을 불러온다.

그렇다면 어떻게 해야 이 단절을 극복할 수 있을까? 바로, 수직 문화를 만드는 것에 답이 있다.

우리 학교는 상급생에게 존댓말을 쓰지 않도록 하고 선배들의 모범적인 리더십이 자연스럽게 후배들에게 흐르도록 한다. 형, 언니들이 무서워 피해 다니는 것이 아니라 멘토와 멘티가 되어 경험과 지혜를 나눈다. 공부가 부족한 동생들을 위해 '튜터링 프로젝트Tutoring project'를 만들고, 언니, 오빠들의 학교생활과 공부법의 지혜를 나누기 위해 '솔로몬 프로젝트Solomon project'를 만들었다. 또 기아 어린이를 돕기 위해 기부 축제를 열어 학교 내의 수평 문화를 축출하고, 수직 문화를 만들어 세대가 통합되는 공동체를 이루고 있다.

성공하는 입시의 3요소로 꼽힌다는 '할아버지의 재력, 아빠의 무관심, 엄마의 정보력'이라는 말은 세대 간의 협력을 위장한 수평 문화의 산물이다. 이렇게 하여 성공한 자녀가 효도를 할 것이라고 보는가? 오히려 부모와 조부모의 근심이 될까 두렵다.

수직 문화 계승은 세대 간에 바로 서야 할 올바른 가치관의 통일을 가져다 준다. 가치관이 통일되면 소통의 기쁨을 누리는 가정이 된다.

또한 자녀는 부모의 직업과 수고에 감사와 존경을 표할 줄 알아야 한다. "나에게 해 준 게 뭐가 있어?" 이런 말로 불평을 쏟아 내는 자녀에게 꼭 필요한 교육이다. 만약 당신의 가정에 이런 아이가 있다면 자녀에게 부모의 일터를 직접 체험하게 하는 게 좋다.

예전에 우리 학교에서 방학 동안 '부모의 일터 소개'라는 숙제를 내준 적이 있다. 부모와 자녀 간의 소통과 문화 통일을 위해 만든 아이디어였는데 결과는 기대 이상이었다

다음은 부모의 일터 체험을 하고 온 한 학생의 감상문이다.

"방학 동안 학교에서 내 준 숙제를 하기 위해 부모님이 운영하시는 인테리어 사무실을 찾았다. 나는 사무실 곳곳의 허드렛일을 하기도 하고, 시공이 진행 중인 현장에 가 일을 도와드리기도 했다. 예전에는 부모님의 직업이 부끄럽기만 했었다. 그런데 이번 체험을 계기로 부모님의 직업이 얼마나 대단한 것인지를 깨닫게 됐다. 사업장을 운영하시며 겪은 수고의 과정을 들으니 그 헌신에 감사하는 마음이 커졌다.

'아름다운 집'. 부모님께서 운영하시는 가게의 이름이다. 어머니는 내게 이런 말씀을 하셨다. '엄마, 아빠가

이렇게 집을 고쳐 아름답게 만드는 일을 하듯이, 너도 너의 달란트를 가지고 사람의 마음을 바꾸고, 세상을 변화시키는 일을 했으면 좋겠다.' 일에 대한 부모님의 철학과 비전을 알게 되니, 나 또한 내 인생을 어떻게 경영해야 할지 고민이 됐다. 부모님께 배운 것처럼, 나도 '아름다운 비전'을 품은 사람이 돼야겠다고 생각했다."

당신의 가정은 자녀에게 수직 문화를 가르쳐 줄 수 있는 교육의 현장이다. 오늘부터 아래의 다섯 가지 문화를 한번 실천해 보라.

- 매일 감사를 실천하기
- 약자를 우선시하고 배려하기
- 민족의 역사를 잊지 않기
- 건강한 음식을 섭취하기
- 공부해서 다른 사람에게 베푸는 인재 되기

출세와 성공을 위해서라면 무슨 수단을 써도 된다는 비윤리적 가치관이 만연해진다면, 사회가 더욱 암울해질 것이다. 교육에 힘을 쓰되, 지혜와 선한 영향력을 가진 리더

가 될 수 있도록, 우리는 사명감을 가지고 자녀를 양육해야
한다.

뛰어난 성품과 역량을 지닌 리더가 당신의 가정에서 배출된다면, 그야말로 가문의 영광이 아니겠는가. 당신의 가정에 아름답고 선한 문화가 정착되어 자자손손 대대로 이어지는 '명문 가문'이 되길 기도한다.

Key Point.

> 부모가 살아온 지혜와 경험을 자녀에게 가르치자. 일에 대한 부모의 가치관이 자녀의 비전을 결정하는 데 큰 영향을 미친다.

감사의 글

"I am nothing."

"I am nothing."

이 말은 언제나 내 가슴을 뜨겁게 한다. 0.001도 안 되는 내 능력에 99.999가 더해지는 선물로 인해, 사막에 샘이 솟는 기적을 경험할 때 그렇다.

다음 세대를 생각하며 허허벌판이었던 옥수수밭에, 제자들과 함께 깃발을 꽂았던 그날을 지금도 잊을 수 없다. 그 깃발을 시작으로, 또 기도하던 대로 만방에 즉, 온 세상에 깃발을 꽂는 제자들을 보게 되었다. 기존과 다른 교육에 헌신하며 함께 기도하고 땀 흘리며 울고 웃는 파트너들이 있어 감사하고 행복하다.

나에게 주어지는 선물은 여전히 진행형이다. 학생들 한 명 한명이 내게는 얼마나 귀한지 모른다. 이기적이고 경쟁적이었던 학생들은 나날이 변화하여 은혜와 사랑을 나누는 사랑스러운 학생들이 되어 가고 있다. 화려한 스펙으로 좋은 대학에만 가고자 하는 것이 아니라, '사랑'의 실천을 위해 순간순간 최선을 다하며 행복해하는 제자들을 보고 있으면, 나도 모르게 미소가 지어진다.

코로나19와 싸워 가며 오로지 학생들을 위해 24시간 360도로 일하는 선생님들에게도 백번으로도 부족한 감사를 드린다.

또 이 책을 위해 협력해 주신 스타라잇 출판사의 김태은 대표님과 한지수 편집장님의 수고하심에 마음속 깊은 감사를 드린다. 그들의 조언과 '다듬어 주심'은 실로 큰 공부가 되었다. 사람은 역시 함께할 때 시너지가 나타남을 두 분을 통해 다시 한번 경험할 수 있었다.

이 책은 이론서가 아닌 다년간의 연구와 실천을 통해 만들어진 결과물이며, 그로부터 얻어진 지혜들이다. 귓전에만 맴도는 꽹과리가 되지 않기를 겸손히 기도한다.

끝으로, 이 책의 주인공인 만방의 학생들에게 사랑과 감사의 말을 전하며, 그들의 고뇌와 갈등, 몸부림과 열정, 사랑과 섬김에 뜨거운 박수를 보낸다.

서문

1. 엑스트라 커리큘럼 Extra curriculum
정규 커리큘럼 이외에 학생 개개인이 개성과 취미, 적성, 팀워크 등을 더욱 살리기 위해 스포츠 및 연구 활동을 위한 비정규 교육 과정을 말한다.

1장

1. 메타인지
1970년대 발달심리학자인 존 플라벨에 의해 만들어진 용어로 '상위인지'를 의미하며, 인지에 대한 인지, 생각에 대한 생각을 정리하는 데 사용된다. 메타인지가 발달할수록 자기 생각에 대한 분석 능력과 사고를 통제하는 능력, 문제해결을 위한 전략 능력이 좋아진다. 쉽게 말해 사고를 '위에서 객관적으로' 내려다 볼 수 있는 관전 능력이 계발되는 것이다. 바둑이나 체스를 둘 때 머릿속에서 전략을 세우거나 의식적으로 생각을 통제하는 것이 이에 해당한다. 시험문제의 오답 노트를 작성하거나 바둑 대결을 복기하는 것 역시 메타인지를 발달시키는 훈련이라 할 수 있다.

2. 마르틴 하이데거 Martin Heidegger

현대 독일의 철학자이다(1889~1976). 현상학, 해석학, 실존주의 철학을 대표하는 20세기 가장 중요한 철학자 중 한 명으로 평가받는다. 1927년 그의 대표 저서 『존재와 시간』에서 '존재란 무엇인가?'라는 근본적인 물음에 대해 접근하고자 했다.

3. 『천 개의 죽음이 내게 말해 준 것들』

고칸 메구미의 저서(웅진지식하우스(번역본), 2020.)이다. 16년간 간호사로 일한 저자가 천 명이 넘는 환자의 종말기를 함께하며 '후회 없이 죽음을 맞이하는 법'이 무엇인지를 깨달았다. 갑작스러운 사고사, 오랜 간병 끝의 이별, 자살, 고독사 등 의료 현장에서 지켜본 다양한 죽음의 민낯을 실제 사례를 통해 생생하게 담았다.

4. PISA Programme for International Student Assessment

'국제학업성취도평가'라고 번역한다. 경제협력개발기구(OECD) 본부 주도로 회원국을 포함한 세계 각국이 공동으로 실시하는 '학업성취도 국제비교 연구'로, 만 15세 학생들의 읽기, 수학, 과학적 소양의 성취 수준을 평가하여 각국 교육의 성과를 비교, 점검한다.

5. 코르티솔 Cortisol

스트레스 호르몬이라고 불리는 코르티솔은 몸의 신경계를 흥분시켜 혈압을 올리고 호흡을 가쁘게 만든다. 과도한 스트레스로 코르티솔 수치가 높아지면 식욕을 부추기고 신체대사가 불균형해지며 복부비만, 고지혈증, 심혈관질환으로 이어질 수 있다.

6. 노르아드레날린 Noradrenaline

'노르에피네프린 Norepinephrine'이라고도 하며, 뇌와 신체에서 호르몬 및 신경전달물질로 기능하는 물질이다. 노르에피네프린 분비는 수면 중에 가장 낮고, 깨어 있을 때 증가하며 스트레스나 위험 상황에서 훨씬 더 높은 수준에 도달한다. 기본적으로 교감신경계를 자극하므로 이것이 분비되면 집중력 증가, 혈류량 증가, 대사 활동 증가 등의 효과가 있다. 과도한 스트레스는 불안을 증가시킨다.

7. 세로토닌 Serotonin

보통 행복을 느끼게 하고 우울, 불안을 줄이는 데 기여한다. 사람의 감정은 세 가지 신경전달물질에 의해 형성되는데, 도파민, 노르아드레날린(또는 노르에피네프린), 세로토닌이 그것이다. 도파민은 쾌락의 정열적 움직임, 긍정적인 마음, 성욕과 식욕 등을 담당하며 노르아드레날린은 불안, 부정적 마음, 스트레스 반응 등을 담당한다. 세로토닌은 도파민과 노르아드레날린을 적정 수준으로 유지한다.

8. 공부력

물리적 개념으로 '전력'이라 하면 '단위시간 당 사용하는 전력량'이라고 하며, '일률'이란 '단위시간 당 일의 양'이라 한다. 이와 같은 의미에서 '공부력'이란, '단위시간 당 공부의 양'으로 정의한다. 시간에 따라 공부력이 변할 수도 있지만 이 책에서는 이해를 돕는 차원에서 일정하다고 가정하였다.

9. 시냅스 Synapse

시냅스는 하나의 신경세포에서 다른 신경세포로 신호를 전달하는 특수한 접점 구조로, 하나의 신경세포의 축삭돌기(전시냅스)와 다른 신경세포의 수상돌기(후시냅스)가 만나는 부위이다. 시냅스는 결국 뇌 기능을 매개하는 기초단위이다.

10. 전기적 시냅스 Electrical synapse

시냅스 전 뉴런과 시냅스 후 뉴런 사이의 간극 연접으로 이루어진 기계적·전기적 연결이다. 오토 뢰비의 화학적 시냅스의 발견 이후 전기적 시냅스 가설은 쇠퇴했다가 1950년대 후반에 가재의 탈출과 관련된 거대 뉴런에서 처음으로 증명되었다. 전기적 시냅스는 망막과 척추동물의 대뇌피질에 존재한다.

11. 오토 뢰비 Otto Loewi

독일 출생의 미국 약리학자이다(1873~1961). 신경의 자극 전도에 관한 연구를 하여, 신경의 자극이 근육에 전달되는 것은 화학물질을 생산하기 때문임을 확인했다. 후에 이것이 신경전달물질이라는 것이 밝혀졌다. 오토 뢰비 박사는 개구리의 심장에 붙어 있는 미주신경을 자극하면 이 신경의 말단에서 어떤 물질이 유리되어 나와 링거액을 통해 신경이 없는 개구리 심장에 직접 영향을 미친다는 사실을 발견했다.

12. 화학적 시냅스 Chemical synapse

전기적 시냅스와 달리 신경전달물질에 의한 화학적 연결이다. 한 뉴런은 다른 뉴런에 인접한 작은 공간(시냅스 틈)으로 신경전달물질 분자를 방출한다. 신경전달물질은 '시냅스 소포'라고 하는 작은 주머니에서 시냅스 틈으로 방출된다. 그런 다음 이 분자는 시냅스 후 뉴런의 신경 전달물질수용체에 결합한다.

2장

1. 러너스 하이 Runner's high

달리기를 하다 보면 처음에는 숨이 차고 힘들다가 어느 시점부터 언제 그랬냐는 듯 몸이

가뿐해지는 것을 경험한다. 더 나아가 희열을 느끼며 자신의 몸이 날아갈 것 같은 상태에 이르기도 하는데 짧게는 4분, 길게는 30분에 이르기도 하는 이 같은 상태가 바로 러너스하이이다. 처음에 달리기 시작할 때는 몸에 통증이 유발되는데, 이 통증을 없애 주기 위해 엔돌핀이 나오기 시작한다. 모르핀보다 100배나 강해 '체내 모르핀Endogenous morphin'이라는 의미에서 파생됐다.

2. 정서지능

자신이나 타인의 정서를 인지하는 개인의 능력으로, 자신과 타인의 감정을 잘 통제하고 여러 종류의 감정을 변별하여 자신의 사고와 행동의 근거를 도출해 내는 능력을 말한다. 이 용어는 심리학자이자 과학 저널리스트인 다니엘 골먼의 저서 『Emotional Intelligence』(Bantam, 1996.)를 통해 중요성을 인정받았다.

3. 『마시멜로 테스트』

전 세계적으로 유명세를 떨쳤던 호아킴 데 포사다의 『마시멜로 이야기』(21세기북스(번역본), 2012.)의 실제 소재가 되었던 연구이다. 유치원생들의 만족지연능력에 대한 실험은 스탠포드대학교의 심리학 교수인 월터 미셸 박사에 의해 50년간 이루어졌으며 2014년 그 내용을 바탕으로 책으로 출간되었고 국내에는 2015년에 번역본으로 소개되었다.(한국경제신문사(번역본), 2015.)

4. 팔로워십Followership

리더십 위치에 있지 않지만 공동체의 일원으로서 규칙을 존중하며 규칙에 적극 협조하는 태도를 말한다.

5. 뉴로플라스티시티Neuroplasticity

'뇌 가소성' 혹은 '신경 가소성'으로 번역되고 있다. 즉, 뇌는 성장과 재조직을 통해 스스로 신경회로를 재형성하기에 성형성이 있다. 시냅스 가소성을 포함하는 용어로 사용되기도 한다.

6. 엔트로피 증가의 법칙

엔트로피는 무질서, 무작위성 또는 불확실성의 상태의 측정 가능한 물리적 특성을 말한다. 고립된 시스템에서 엔트로피는 감소하지 않고 증가한다. 엔트로피가 증가한다는 것은 무질서도가 증가하는 것이며 어떤 시스템 내에서 시간이 흐를수록 무질서도는 계속 증가한다. 따라서 주어진 시스템의 무질서도가 감소하는 방향으로 가게 하기 위해서는 반드시 외부에서의 에너지 유입이 필요하다는 의미이다. 공부라는 개념에 이 원리를 확대 적용하면 외부의 자극으로 무질서한 뉴런들이 정렬되어 무질서도가 감소한다고 말할 수 있다.

이때 공부를 외부의 에너지 유입에 의한 엔트로피 감소의 작업으로 비유했다.

7. 『그릿』
심리학자 앤절라 더크워스의 저서(비지니스북스(번역서), 2019.)이다. 이 책에서 성공의 비결은 재능이 아니라 '그릿'이라고 부르는 열정과 끈기의 조합에 있음을 알려 주고 있다. 그릿은 자신이 성취하고자 하는 목표를 끝까지 해내는 힘이며, 어려움과 역경, 슬럼프가 있더라도 그 목표를 향해 오랫동안 꾸준히 정진할 수 있는 능력을 말한다. 앤절라 더크워스는 이 개념을 심리학계에 처음 소개한 연구자로서, 장기적이고 지속적인 성공을 결정짓는 중요한 요소는 재능이나 IQ, 부모의 경제력과 같은 외부적인 조건이 아닌 불굴의 의지, 즉 '그릿'이라는 것을 밝혀냈다.

8. 『세븐파워교육』
필자의 저서(나무&가지, 2019.)이다. 교육이란 선한 영향력을 발휘하기 위해 다양한 능력을 키워 주는 것이라는 정의하고 이를 목표로 네트워크 파워, 멘탈 파워, 브레인 파워, 리더십 파워, 모럴 파워, 바디 파워, 스피리추얼 파워 등 일곱 가지 능력을 어떻게 키워야 하는지를 설명하고 있다.

3장

1. '삶이 그대를 속일지라도 서러워하거나 노여워하지 말아라.'
러시아의 소설가이자 시인인 알렉산드르 푸시킨(1799~1837)의 시 「삶이 그대를 속일지라도」의 한 구절이다. 러시아 근대문학의 창시자인 푸시킨은 19세기 러시아문학의 황금기를 열었다는 평가를 받는다. 대표작으로 「삶이 그대를 속일지라도」, 『대위의 딸』, 『예브게니 오네긴』 등이 있다.

2. 한국 청소년들의 고민 분석
여성가족부는 매년 「청소년 백서 및 한국청소년상담복지개발원 상담 통계」에서 한국 청소년들의 상담 내용을 발표한다. 전국 청소년상담복지센터 및 한국청소년상담복지개발원 등을 통한 청소년 고민, 고충 등 상담 내용과 상담 대상에 대한 연도별 현황이 종합되어 있으며 청소년들이 주로 상담받고자 호소하는 문제를 중심으로 총 열두 개의 영역이 구성되어 있다. 이 자료는 청소년 지원 상담 정책 수립을 위한 기초 자료로 활용되고 있다.

3. 『광야에 선 자의 고백』
이범혁의 만화 묵상집이다(나무&가지, 2018.). 10대 청소년인 저자가 성장하면서 배우고 느낀 것들을 담았다. 이야기 속에는 일상생활에서 얻은 영감뿐만 아니라 어려운 과학 이론과 신학적인 내용도 있다. 저자는 이를 통해 자신의 비전과 기독교인들이 가져야 할 소명을 이야기하고 있다.

4. TV 오디션 프로그램
'싱어게인1(JTBC, 2020.11.~2021.2.).' 세상이 미처 알아보지 못한 재야의 실력자, 한때는 잘 알려졌었지만 지금은 잊혀진 비운의 가수 등 한 번 더 기회가 필요한 가수들이 대중 앞에 다시 설 수 있도록 돕는다는 취지의 프로그램이다. 책에 소개된 인물은 시즌1에서 화제가 된 30호 가수 '이승윤'이 한 말로, 이승윤은 결승 무대에서 63호 가수 이무진과 만나 선의의 대결을 펼쳤다.

5. 예시바
'앉다'라는 어원에서 비롯된 히브리어이다. 예시바는 유태인의 전통적인 교육기관으로, 토라와 탈무드를 공부하고 연구하는 곳이다. 예시바가 다른 도서관과 다른 점은 두 사람 이상이 큰 소리로 질문과 답을 주고받으며 토론을 한다는 것이다.

6. 하브루타
'우정' 또는 '파트너'라는 뜻의 히브리어이다. 이것은 유태인들의 전통적인 공부법이자 교육법으로, 짝을 이뤄 서로 질문을 주고받으며 공부한 것에 대해 논쟁을 펼치는 공부 방식이다.

7. 학습 피라미드
학습 피라미드 모델은 1960년대 초 미국 메인 주 베델에 있는 메인 캠퍼스에서 개발된 국립훈련연구소National Training Laboratories Institute에 의해 개발되었다. '학습 방법에 따른 기억력 유지 정도'에 대한 연구 결과, 다른 사람에게 설명하거나 가르칠 때 90%, 배운 것을 복습할 때 75%, 그룹 토론에 참여할 때 50%, 시범 교육을 받을 때 30%, 시청각 강의를 시청할 때 20%, 읽을 때 10%, 강의를 들을 때 5% 순으로 기억력이 유지되는 것으로 나타났다. 유태인은 질문을 받고 설명하고 가르치며 공부하는 비율이 높고, 한국인은 '강의 듣기'로 공부하는 비율이 가장 높다. 즉 유태인이 가장 높은 공부력으로, 한국인은 가장 낮은 공부력으로 학습하는 것으로 해석된다.

4장

1. 사교육을 받는 이유

교육부가 교원 4,500여 명, 학부모 3,700여 명, 학생 2,000여 명 등 총 1만400여 명을 대상으로 2016년 6월에 조사한 내용을 분석한 자료이다. 사교육을 받는 원인을 분석해 보면 상위 1순위의 경우 초등학교(39.2%)가 '불안심리'를 꼽았고 중학교(41.9%), 고등학교(41.6%)는 '진학 준비'를 선택했다.

2. 불안심리에 따른 학부모의 학원비 지출 정도
배호중 한국여성정책연구원은 「어머니의 자녀 부양 가치관이 사교육비 지출에 미치는 영향」이라는 주제의 논문을 여성정책연구원 학술대회에서 발표했다. 부모들의 불안감이 클수록 학원비 지출이 많아진다는 연구 결과를 담고 있다.

3. "공부가 가장 쉬웠어요."
장승수 저서의 제목이다. 『공부가 가장 쉬웠어요』(김영사, 2007.). 포클레인 조수, 택시 기사, 공사장 막노동꾼을 거쳐 사법시험에 합격하기까지의 이야기를 담은 책이다.

4. 『몰입』
황농문 교수의 저서(알에이치코리아, 2007.)이다. 30년 가까이 공학 연구에 몸담아 온 과학자 황농문 교수는 잠재된 두뇌 능력을 일깨워 능력을 극대화하고, 삶의 만족도를 끌어올리는 최고의 방법이 '몰입'이라고 이야기한다.

5. 발도르프Waldorf학교
'슈타이너 교육'이라고도 하는 발도르프학교의 교육은 인지학의 창시자인 루돌프 슈타이너의 교육철학에 바탕을 두고 있다. 상상력과 창의성에 중점을 두고 학생들의 지적, 예술적, 실용적 기술을 개발하는 데 역점을 두고 있다.

6. 미엘린Myelin
뉴런의 구조에서 정보 혹은 신호를 받아들이는 부분을 '수상돌기', 받은 신호는 '축삭'이라고 하며, 신경계의 전선이라고 비유하기도 한다. 그리고 다음 뉴런으로 신호를 전달하는 부분을 '축삭돌기'라고 한다. 미엘린은 뉴런의 축삭을 둘러싸고 있는 지질이 풍부한 물질로, 축삭이라는 신경계 전선을 절연시켜 신호의 누수를 방지하고 신호의 전달 속도를 증가시키는 역할을 한다. 특정한 학습이나 연습을 할수록 해당 신경 회로의 미엘린 두께는 계속 두꺼워져서 신경 전달 속도 및 지능이 올라가는 효과가 있다. 1만 시간의 법칙과 같이 꾸준한 반복 연습은 바로 미엘린을 강화하는 효과가 있는 것이다.

7. '공부 잘하는 학생들의 비밀'을 보여 주는 다큐멘터리 프로그램
다큐 프라임 '학교란 무엇인가(0.1%의 비밀)(EBS, 2010.11.).' 초·중·고를 포함한 학생

4,000명의 광범위한 설문 참여를 비롯해 다양한 교육 실험을 진행했으며, 대한민국 교육 현장의 치열한 고민을 담아 부모, 학생, 교사 등 학교를 품고 있는 모든 이에게 가야 할 길을 제시했다.

8. 인지심리학자 김경일 교수가 한 강연 프로그램
'어쩌다 어른(tvN, 2016.7.).' 여러 분야의 강사 및 명사들이 자기의 전문 분야와 관련한 지혜를 나누는 tvN의 강연 프로그램이다.

5장

1. 예전에 한 TV 프로그램에서
다큐 프라임 '아이의 사생활(EBS, 2009.7.).' 취재 기간 1년, 설문조사 참여 인원 4,200명, 실험 참여 어린이 500명, 국내외 자문 교수 70명이 참여한 기획으로, 아동기의 특징을 실험과 세계적인 석학들의 자문을 통해 과학적으로 증명한 대규모 다큐멘터리였다.

2. 서번트 리더십 Servant leadership
군림하고 지시하는 리더가 아니라, 조직의 구성원들이 각자의 능력을 잘 발휘하도록 돕는 리더십을 말한다. 서번트 리더는 권력을 공유하고, 직원의 필요를 최우선으로 생각하며, 개개인이 최대한 발전하고 성과를 낼 수 있도록 돕는다. 구성원이 지도자를 섬기기 위해 일하는 것이 아니라 지도자가 구성원을 섬기기 위해 존재한다.

6장

1. 미러 뉴런 Mirror neuron
다른 사람의 행동을 거울처럼 반영한다는 의미에서 붙여진 이름이다. 미러 뉴런은 특정 움직임을 행할 때나 다른 개체의 특정 움직임을 관찰할 때 활동한다. 다른 사람의 행동이나 감정에 내적경험을 제공하기에 공감의 신경학적 기초가 될 수 있다. 따라서 옆 사람이 하품하면 나도 하품을 하고, TV를 보며 울거나 웃으면 나도 따라 울거나 웃게 된다.

2. 칼리지 페어 College fair
각 대학의 입학사정관을 고등학교나 컨벤션센터 등 커뮤니티 공간으로 초대해 학생과 학부모를 만나며 질의응답을 진행하는 행사이다. 국제기관으로는 IACAC International Association of College Admission Counseling가 주최하며, 미국 기관에서는 NACACNational

Association of College Admission Counseling가 주최한다.

3. SAT Scholastic Aptitude Test
미국의 대학 입학 자격시험이다. 미국의 대학에서 입학 결정을 내리기 위해 사용하는 시험, 한국의 대학수학능력시험과 같다. 미국 대학 입학 시에 고려하는 요소 중 하나로 여러 개의 시험을 통틀어 말하며 대학에 모든 지원자를 비교하는 데 사용할 수 있는 지표를 제공한다.

4. GPA Grade Point Average
평균 학점을 의미하며, 미국에서 학업성취도를 0에서 4까지 측정하는 표준화된 방식이다. 해당 국가의 성적 시스템이 백분율 기반일 경우 GPA를 계산할 수 있다.

5. 코리아 디스카운트 Korea discount
유독 한국에서 SAT 부정행위가 빈번함에 따라 한국 학생들에게 불이익을 주어야 한다는 불신의 목소리에서 나온 말이다.

6. '믿음의 승부 Facing the giants'
알렉스 켄드릭이 감독과 주연을 맡은 미국의 영화이다(2010). 한 고등학교 미식축구팀과 코치와의 이야기를 담은 이 영화는 포기하지 않고 끝까지 두려움에 맞서라는 메시지를 전하고 있다.

7. 바닥을 기어가라는 것 Death crawl
두 팔과 두 발을 모두 지면에 대고 기어가듯 하는 운동이나 훈련을 말한다.

8. 엔드 존 End zone
골대 기반 미식축구 규정에 따른 필드의 득점 영역이다. 사이드 라인으로 둘러싸인 엔드 라인과 골라인 사이의 영역, 두 개의 엔드 존이 있으며 각각 필드의 반대편에 있다.

7장

1. 아침 식사와 수능 성적과의 관계
2002년 농촌진흥청 산하 농촌생활연구소가 대학생 3,600여 명을 상대로 '아침 식사와 성적의 상관관계'를 조사한 결과, 고등학교 시절 아침을 매일 먹었던 학생들의 수능 평균 성적(400점 만점)은 294점으로, 아침 식사 횟수가 일주일에 이틀 이하였던 학생들

(275점)보다 19점 더 높은 것으로 나타났다. 일주일에 5~6일, 3~4일씩 아침을 먹었던 학생들의 평균 성적은 각각 284점과 281점으로, 아침식사 횟수가 적을수록 성적이 낮은 것으로 조사됐다.

2. 『서재걸의 해독 주스』
서재걸의 저서(맥스미디어, 2012.)이다. 저자는 만병의 원인을 몸속에 쌓인 독소로 규정하였고, 이를 해독하는 방법으로 해독 주스를 소개하고 있다.

8장

1. 디톡스 프로세스 Detox process
'세바시' 778회, '교육에도 디톡스가 필요하다(최하진 편)'에 자세히 언급되었다.

2. 조나단 리빙스턴 Jonathan Livingston
1970년에 나온 뒤로 6천만 부 이상이 팔린 리처드 바크의 세계적인 베스트셀러이다. 원제는 『갈매기 조나단 리빙스턴 Jonathan Livingston Seagull』으로, 삶과 비행을 배우려는 갈매기에 대한 소설 형식의 우화이자 자기완성에 대한 강론이다.

3. 착한 사람 콤플렉스
'착한 아이 증후군'이라 불리기도 한다. 이는 착한 사람으로서의 이미지를 유지해야 한다는 사고방식으로, 자신의 마음이 병들어도 다른 사람의 눈에 비쳐지는 자신의 이미지를 먼저 신경 쓰는 것을 말한다.

4. 불가촉천민 不可觸賤民, Untouchable
인도의 신분제인 카스트제도에 들어가지 못하는 최하류층 계급을 말한다. 이들과 접촉하면 불결해진다는 뜻을 담고 있어서 사용이 금기시되는 단어이다.

5. 『과자, 내 아이를 해치는 달콤한 유혹』
안병수의 저서(국일미디어, 2005.)이다. 유명 과자 회사 임원으로 근무하던 저자는 평소 친분이 돈독했던 일본의 한 과자 기술자가 갑작스레 세상을 떠나자 16년간 근무했던 회사를 그만두고, 식생활과 관련된 각종 논문과 건강 서적 등을 읽으며 가공식품에 대한 연구를 시작했다. 그리고 이러한 연구 내용을 바탕으로 책을 출간했다.

6. 팝콘 브레인Popcorn brain
강한 자극이 넘쳐 나는 첨단 디지털기기의 화면 속 현상에만 반응할 뿐 다른 사람의 감정이나 느리게 변화하는 진짜 현실에는 무감각해진 뇌를 말한다.

7. 수구리족
고개를 '숙이다'의 경상도 사투리 '수구리'에서 파생된 신조어로, 스마트폰을 보느라 고개를 숙이며 중독에 걸린 사람들을 가리킨다.

8. 카따
그룹 채팅에서 따돌림받는 사람을 가리킨다. '카카오톡 왕따'의 줄임말이다.

9. 와이파이 셔틀Wi-fi shuttle
강요에 의해 빵 등을 사 주는 '빵셔틀'에서 비롯된 말로, 가해학생이 인터넷 데이터를 이용하기 위해 피해학생에게 스마트폰 데이터 무제한요금제를 강제로 가입하게 하는 행위를 가리킨다.

10. 스몸비Smombie(Smartphone zombie)
스마트폰과 좀비의 합성어로, 스마트폰에 중독되어 주위를 살피지 않고 스마트폰만 보고 길을 걷는 사람을 일컫는다.

9장

1. 모세오경
『구약성경』의 처음 다섯 권, '창세기' '출애굽기' '레위기' '민수기' '신명기'를 이르는 용어로, '토라'라고도 부른다.

2. 코셔 식품Kosher food
'적절한', '알맞은'이라는 뜻을 가지고 있다. 유대교의 율법에 맞는 음식이라고 할 수 있으며, 음식에 대한 규례가 토라에 자세히 기록되어 있다.

3. 트로트 경연 프로그램
'미스터트롯1(TV조선, 2020.3).' 방송가에 트로트의 붐을 일으켰던 오디션 프로그램이다.

참고 논문 및 연구 자료

2장

* '과일과 우유 등을 먹은 사람이 탄산음료와 패스트푸드를 섭취한 사람보다 행복감이 훨씬 더 높다.'
「Association between Dietary Habits and Mental Health in Korean Adolescents: A Study Based on the 10th(2014) Adolescent Health Behavior」, Online Survey Sung Jin Moon et al, Korean Journal of Family Practice, Vol 7(1), pp66-77(2017).

* 성적과 대화 대상과의 상관관계
「Academic Achievement and its Impact on Friend Dynamics」, Jennifer Flashman, Sociology of Education, vol 85(1), pp 61-80(2012).

7장

* 청소년들의 아침 식사가 성적에 미치는 영향
「Arab Journal of Nutrition & Exercise(AJNE)」, vol 2(1), pp 40-49(2017).

* 수면연구학회에서 발표한 수면의 중요성
「Journal of Sleep Research」, vol 25(3), pp318-324(2016).

* 2017년에 노벨 생리학 및 의학상을 탄 세 사람
https://www.chosun.com/site/data/html_dir/2017/10/03/2017100300173.html

* 생체시계
출처: 노벨상 위원회

* ADHD의 아이들이 체내에 트랜스지방산을 상당량 함유하고 있다는 연구 결과
『Frontiers in Psychiatry』, vol 5(11), pp1-7(2021).

9장

* '유태인들의 자녀 교육 성공 비결은 수직 문화 계승에 있다.'
『현용수의 인성교육 노하우1-4』(현용수, 쉐마, 2015.).

파인애플 공부법

1판 1쇄 발행   2023년 1월 11일
1판 3쇄 발행   2024년 4월 8일

지은이   최하진
펴낸이   김태은

책임편집   한지수
마케팅   (주)맘스라디오
디자인   김선미
교정   이혜승

펴낸곳   스타라잇
출판등록   2020년 3월 31일(제 409-2020-000020호)
주소   서울시 마포구 월드컵북로400, 5층 1
전자우편   starlightbook@naver.com
팩스   0504-051-8027

ⓒ 최하진, 2023

ISBN 979-11-980644-8-6   13590